普通高等教育“十四五”部委级规划教材

空间手绘表达与设计思维

刘晓东 著

扫描看视频讲解

東華大學出版社
·上海·

内容简介：本书从空间手绘表达技术层面出发，借助手绘表达与设计思维概述、写生绘画与设计思维初步认知、透视表达与设计思维转换训练、手绘表达与设计思维训练、设计思维反哺手绘表达，以及手绘作品实例解读等几个章节共同探讨设计思维的构成内容、训练方法与理论体系。本书内容结构合理、立意新颖、编写理念前卫，是作者在本领域多年研究和教学实践成果的汇集。本书编排形式图文并茂、通俗易懂，部分手绘图还可以通过扫描二维码观看手绘过程视频，极大地方便了初学者对手绘表达技法的直观认知与理解。希望本书不仅可以作为空间手绘表达学习的教学用书及专业工具书，亦可以作为设计思维创新理论研究的参考资料。

图书在版编目（C I P）数据

空间手绘表达与设计思维 / 刘晓东著 . -- 上海：
东华大学出版社，2022.3
ISBN 978-7-5669-2012-6

Ⅰ . ①空… Ⅱ . ①刘… Ⅲ . ①建筑设计－绘画技法
Ⅳ . ① TU204.11

中国版本图书馆 CIP 数据核字 (2021) 第 257231 号

责任编辑：杜亚玲
装帧设计：张景春

空间手绘表达与设计思维
KONGJIAN SHOUHUIBIAODA Yü SHEJISIWEI

刘晓东 著
出 版：东华大学出版社（上海市延安西路 1882 号，200051）
网 址：http://dhupress.dhu.edu.cn
天猫旗舰店：http://dhdx.tmall.com
营销中心：021-62193056 62373056 62379558
印 刷：当纳利（上海）信息技术有限公司
开 本：889 mm×1194 mm 1/16 印张：9.25
字 数：326 千字
版 次：2022 年 3 月第 1 版
印 次：2022 年 3 月第 1 次印刷
书 号：ISBN 978-7-5669-2012-6
定 价：68.00 元

序言

设计手稿对于设计师而言是一种有别于文字的诗，其没有多余的点线面，却自带合理逻辑性、哲理性与诗情画意。设计手稿兴于诗、立于理、修于艺、成于乐。设计手稿是视觉语言诗，它没有多余的一根线、一片色块。设计手稿要强力表达的创意是未来可期的，因为其诗有远方。设计手稿的信手拈来与涂鸦，绝不是高技的炫耀，而是一种修为和身不由己，因为设计师在创作的时候是手、脑、心并用。《空间手绘表达与设计思维》的核心就是对手绘诗意表达与设计视觉诗句诗篇创作思维的阐述论证。我为刘晓东教授勇于跳出手绘技法层面，去探索设计思维更深的内涵而点赞！

设计手绘稿是线条、色彩的诗篇，是一种会思考的设计思维载体。业界将设计稿习惯称之为手绘，而我一直把手绘当诗来创作、来描绘、来阅读、来思辨。文学中的诗，由文字传递诗意，而设计手绘稿是用线条、色彩表达诗情画意。手绘线条是文字诗的点横竖撇捺弯勾，线条的粗细、疏密节奏、蜿蜒起伏、色泽均匀与层峦叠嶂等是设计手稿诗的情意表达。设计手稿要在愉悦快乐中学会收笔，无需多一分，因为文学中的诗就是没有一个多余的字。

我很欣赏获普利兹克建筑奖的建筑设计大师们的设计手稿。扎哈 · 哈迪德的设计手稿潦草到好像几根不间断面条偶尔夹带几块宽面片，但根据这潦草的几组线条却造出诸如大兴国际机场、盖达尔 · 阿利耶夫文化中心等举世无双的建筑。约翰 · 伍重的悉尼歌剧院设计手稿、保罗 · 安德鲁的中国大剧院设计手稿、安藤忠雄光的教堂设计手稿等几近于设计手稿诗篇的神作，没有一点点多余，简单到不能再简单了。因为没有多余，才有更多的思考和遐想，也正是文学诗与设计思维创作出的线条色彩诗，同理也是刘晓东教授著作《空间手绘表达与设计思维》“视觉语言”诗的共同特点。

空间设计的手绘表达其实就是一种大自然鬼斧神工的延伸——大自然空间就是没有一丁点儿多余。众多获普利兹克建筑奖设计师的设计手绘正是人类设计思维的鬼斧神工！

余 工

2021 年 8 月 15 日 于上海

前言

空间设计手绘表达是设计师必不可少的基本技能之一，是设计师表达创意理念、思路和直接呈现效果的“视觉语言”。在进行空间设计项目设计与创意阶段，手绘表达能直接反映设计者的创作思维与灵感，在纸面上所表达的手绘往往是无法提前预见的，而这种随机、灵动的不可预知性则是设计创新的精神所在。

如果说设计是空间塑造的一种假设，而空间手绘表达过程则是在假设的基础上再次进行“假设”，其过程是不断循序渐进的。利用手绘草图不断地表达“假设”则是一种思维发散行为，是为了更好地创作好设计作品而进行的一种方法体系和实践过程，是对空间设计进行思考与推敲，通过一系列思维碰撞产生的诸多设计灵感并在纸面上系统性地表达出来的过程。很多设计师认为空间手绘表达是陪伴自己终生的设计思维方式，因为它不仅是收集各种设计资料的采集手段，还能够忠实、快速、准确地领悟大脑发出的设计信息并进行思考，是表达设计思绪的重要载体与形式。

空间手绘表达方式多样，可以画风严谨，细细推敲画面的艺术性与质感表达，也可以随心所欲，如同行云流水般无拘无束地灵活记录设计所想、所做。其实，在具体空间设计活动过程中，手绘并非是单一封闭的行为环节，而是全方位融入整套思维方式和实施体系之中，包含头脑风暴、设计创新、创意方法、客户调研、用户体验、工作方法等环节。因此，空间手绘表达就成为设计闭环中的起始者和演绎者，展现出不一样的设计意识与思维形态，同时也是设计思维对外工作展现的执行者和媒介。因此， 现代环境空间设计师在项目实践中须具备两个相辅相成的能力：第一是利用手绘手段准确快速地传达艺术信息和设计审美的能力；第二是具备创新性的设计思维和逻辑思辨能力。前者着重于对客观事物观察、感受、体验，引发意象获得设计形式与视觉表达，进而完成眼、脑、手之间协同美感传递。后者在于培养创造性工作习惯和思维能力，启发开放性的创意、创新能力。因此，本书尝试把具体的设计手绘表达行为与设计思维两种能力训练融入一体，通过感性、抽象或理性等思考方式，将大脑中的创意灵感延伸到手，再由手在绘图纸上将抽象符号进行具体化和艺术化，最后变成直观的物象形式。这种设计思维方式挖掘是对设计内容的概括和间接的反映过程，用手绘思考、探索和发现设计本质的内在联系与规律性。

本书编写从 “手绘表达” 技术层面出发，尝试探索通过具备较强显现度的技法表现，推动设计师理解并接受“创新设计思维”，使其在彰显手绘语言艺术魅力的同时，也能感知设计思维价值所在。本书集合国内众多顶尖手绘表达高手的作品作为图示案例，将设计思维理论围绕手绘表达与设计思维概述、写生绘画与设计思维初步认知、透视表达与设计思维转换训练、手绘表达与设计思维训练、设计思维反哺手绘表达，以及手绘表达作品实例解读等几个章节延伸研究，希望借此与设计师们一起跳出单纯研究手绘技法层面，从不一样的视角探索设计思维理论体系以及学习路径与方法，帮助设计师在实际设计工作中形成观察和洞悉能力、发问和质疑能力、探索和解决问题能力以及跨界交流和整合组织能力，以期为设计师探索新的设计方法提供不一样的研究切入点。

刘晓东

2021 年 8 月 10 日于东华大学

本书由以下项目与计划支持：

1. 东华大学 2020 年度本科重点教材建设计划（XJJC2020-07）
2. 上海市教委文教结合人才工作室项目
3. 中央高校基本科研业务费专项资金资助（2232021B-03）
4. 上海高校本科重点课程“（环境设计专业）手绘技法表现”（SKC-07）
5. 东华大学国家一流专业（环境设计专业）建设计划
6.2021 年度上海高等学校一流本科课程（专业技法表现）建设计划
7. 东华大学本科一流课程（专业技法表现）建设计划（DHYLA-2021-14）

目录

SPATIAL HAND DRAWING
EXPRESSION
AND
DESIGN THINKING

目录

SPATIAL HAND DRAWING
EXPRESSION
AND
DESIGN THINKING

第一章 手绘表达与设计思维概述

1.1 手绘表达发展沿革

“手绘表达”是针对空间美好愿景进行徒手绘画展现的专业性称谓，从远古山洞岩石壁画到现代设计手绘表现都可以看出其嬗变过程贯穿于整个人类发展历程。虽然手绘表达并不属于美术史研究范畴，但其作为一种独立的绘画形式，具有极强的个性特征与美学属性，受到时代文化、经济、技术等社会因素的影响，反映整个社会文化内涵和审美意识层次。

西方徒手绘画表达的最早萌芽可以追溯到文字诞生前的远古时期，人们使用手绘来记录事件和表达对美好生活的祈愿，绘画形式多为平面表达，未能呈现出透视或立体性表现，例如法国拉斯科洞窟壁画（如图 1-1）。

图 1-1 法国拉斯科洞窟壁画

文艺复兴时期，意大利的马萨乔最早在画面上自由运用远近法来处理三维空间关系，其绘画技法成为了欧洲绘画艺术的发展基础。达 • 芬奇作为文艺复兴时期杰出代表在很多建筑图形表达中运用了大量的透视表达，通过透视技法处理空间和体量的结构组织，很多时候他将建筑设计和结构设计在三维空间中结合成一个整体，有助于提升设计自由度和空间的把控能力（如图 1-2）。文艺复兴运动之后，透视学才成为一门真正的科学被人们所重视，为人类认识和表达空间做出了重要贡献。德国艺术家丢勒借鉴前人经验，经过深入研究，在中心投影（透视学）研究方面获得了较大的成就，他运用直观求点法求得透视图，为

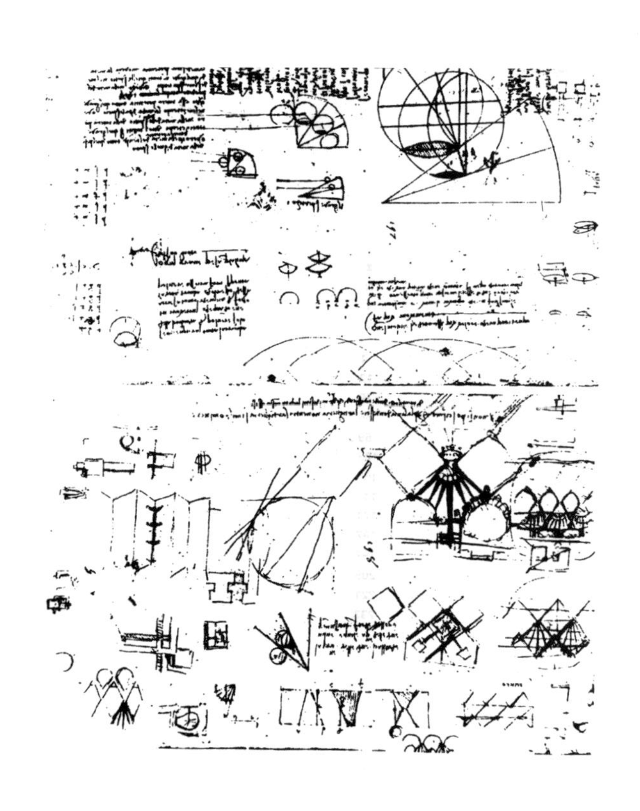

图 1-2 达 • 芬奇绘制的防御工程图

图 1-3 丢勒透视示意图：直观求点法

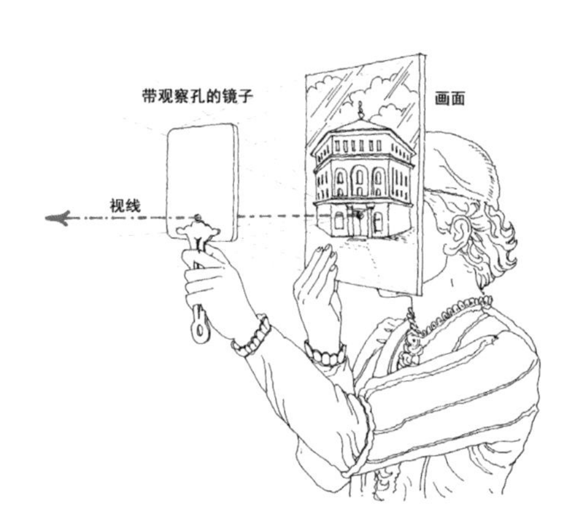

图 1-4 布鲁内莱斯基设计了验证透视准确度的装置

立体图示语言走向客观严谨提供了科学借鉴（如图 1-3）。意大利佛罗伦萨艺术家布鲁内莱斯基将透视关系真正用到了建筑学领域，他将透视学与建筑设计进行艺术化的结合，运用钢笔、铅笔、水彩等工具绘制空间设计效果。另外，布鲁内莱斯基为了追求透视的严谨与准确性，还发明了一个验证透视准确度的简单装置（如图 1-4）。

中国古人早在战国时期就借助正投影方法绘制建筑工程图。河北平山中山王陵墓出土的铜版《兆域图》是迄今为止我国发现最早运用正投影绘制工程图的例证，据考证距今已有 2300 年。《兆域图》在铜版中嵌入金银薄片和银线，勾勒出享堂、王后堂、哀后堂和夫人堂等建筑规划，图中还有明确的五百分之一的比例数据和详细的文字说明，是目前世界上发现的最早有比例的铜版建筑规划图。到了五代时期，徒手绘画艺术有了长足发展，建筑绘画也逐渐成为一个独立的画种。韩熙载在《夜宴图》中不仅生动表现了人物与历史环境，还清晰地表现出建筑形态、建筑色彩、建筑布局，以及精美的装饰细节，成为古人表达建筑环境代表性力作（如图 1-5）。

中国古代建筑画按照绘制的手法和画面风格来分，有较为随意勾画的表现性艺术作品，也有使用直尺作引笔而绘制的“界画”作品。前者利用作品追寻中国绘画情景中的审美境界，后者以平、方、正、斜的线条组成，不能有丝毫的差异，具有呆板、严谨、中庸之特点。界画发展到宋初，已臻成熟，画家辈出，例如最为杰出的郭忠恕，其代表作有《明皇避暑宫图》（如图 1-6）和《雪霁江行图》。再之后出现的界画名家有南宋的顾骏之，元代的王振鹏、夏永、李容瑾，明代的仇英，清代的袁江、袁耀等人，都为中国界画的发展和传承做出了重要的贡献。

时至今日，空间设计手绘表达逐渐成为设计师们必不可少的设计展现形式和图解思考语言（如图 1-7~ 图 1-9）。初学者需要认真理解手绘表达原理，认识手绘色彩体系，推敲透视技巧，通过多样性的手绘表达提升空间造型、明暗处理、光影表达、虚实平衡、主次搭配、质感表现，以及艺术氛围塑造的手绘表达能力，更重要的是能够借助手绘表达去形成独特的设计思维和展现创新的工作方式，成为有“思维”的环境设计师。

图 1-5 韩熙载《夜宴图》局部

图 1-6 郭忠恕《明皇避暑宫图》局部

图 1-7 彩色铅笔手绘表达出建筑的朦
与艺术气息（作者：Stehen Parker

图 1-8 黑白线稿可以表达出空间的秩序感和艺术细节（作者：刘晓东）

图 1-9 线稿更容易表达景观的层次、虚实关系（作者：刘晓东）

1.2 设计思维解读

“思维”是人类与生俱来的高级认知活动，是头脑对客观事物间接、概括的反映，是将大脑内新输入的信息与已存储的信息进行一系列复杂的心智操作的过程。人类基本思维分为描述性思维、判断式思维和设计思维，其中“设计思维”是人类基于未来创新活动的主要思考方式。对于设计师而言，创新设计思维就是借助已有的设计理论、美学知识、工程经验，以及现有的技术条件来推测未知的项目设计实现过程，是通过思维方式变革实现设计创新发展的重要驱动力，其整个思维工作过程是多维立体的框架结构（如图 1-10）

“设计思维”最早源于美国硅谷 IDED 设计公司总裁蒂姆 · 布朗的著作《哈弗商业评论》，书中认为“设计思维”是由同理心（Empathy）、需求定义（Define）、构思解决方案（Ideate）、制作原型（Prototype）、实际测试（Test）几个部分组成。他认为设计思维是一种以人为本的解决复杂问题的创新方法，是通过设计师对方案的理解，将可行的技术、策略与客户诉求相匹配，从而转化为客户价值与商业机会。作为一种思维方式，它被普遍认为具有综合处理能力的性质，能够理解问题产生的背景、能够催生洞察力及解决问题的能力，并能够理性地分析和找出最合适、最优的解决方案。

设计思维是一种方法，它与设计本身有很大的区别。设计是把一种经过计划、规划、设想的元素内容通过某种创新形式传达出来的创意过程，它是为解决社会当下问题而存在的创新活动；而设计思维则是一种思维模式和工作方式，是强调创新与未来，通过挖掘问题的本质而重新定义问题的研究方向，它可以被理解为寻找更为新颖、特定的方法路径，更重要的是在考虑设计方案本身的同时，还要从“客户多维视角”探讨创新方案的可能性。

对于环境设计而言，设计思维是一种基于空间设计诉求而进行的创新方法，是为满足空间设计方案本质要求而提供实用和富有创造性的解决方案（如图 1-11）。设计思维此时不是着眼于某一个问题而存在，而是基于客户需求和体验出发，用空间设计方案呈现的最终目标或者是最希望达成的美好期望而着手，通过对当前设计目标、周边环境、使用诉求、工作流程、未来规划及技术能力等因素做出思考，并从客户视角探讨空间设计的可能性与创新性。

设计思维与设计活动的工作流程是不同的。设计活动的工作流程是通过计划、规划和设想三个环节并借助某种形式传达出来的创意过程。而设计思维本质上是一种以人为本的问题解决方式，是基于“问题”的理解而探索各种解决方法，其形式具体包含抽象思维、形象思维、直觉思维、逻辑思维、逆向思维等。设计思维除了具有设计活动的三个主要环节外，还要在具体的工作过程中执行三个基本流程：构思、组织和实施。第一，“构思”是一种具备系统性、有中心、有层次的整体性思维方式，是空间设计之前必须进行的环节。构思是在设计师头脑中形成的创意思维，贯穿于整个设计内

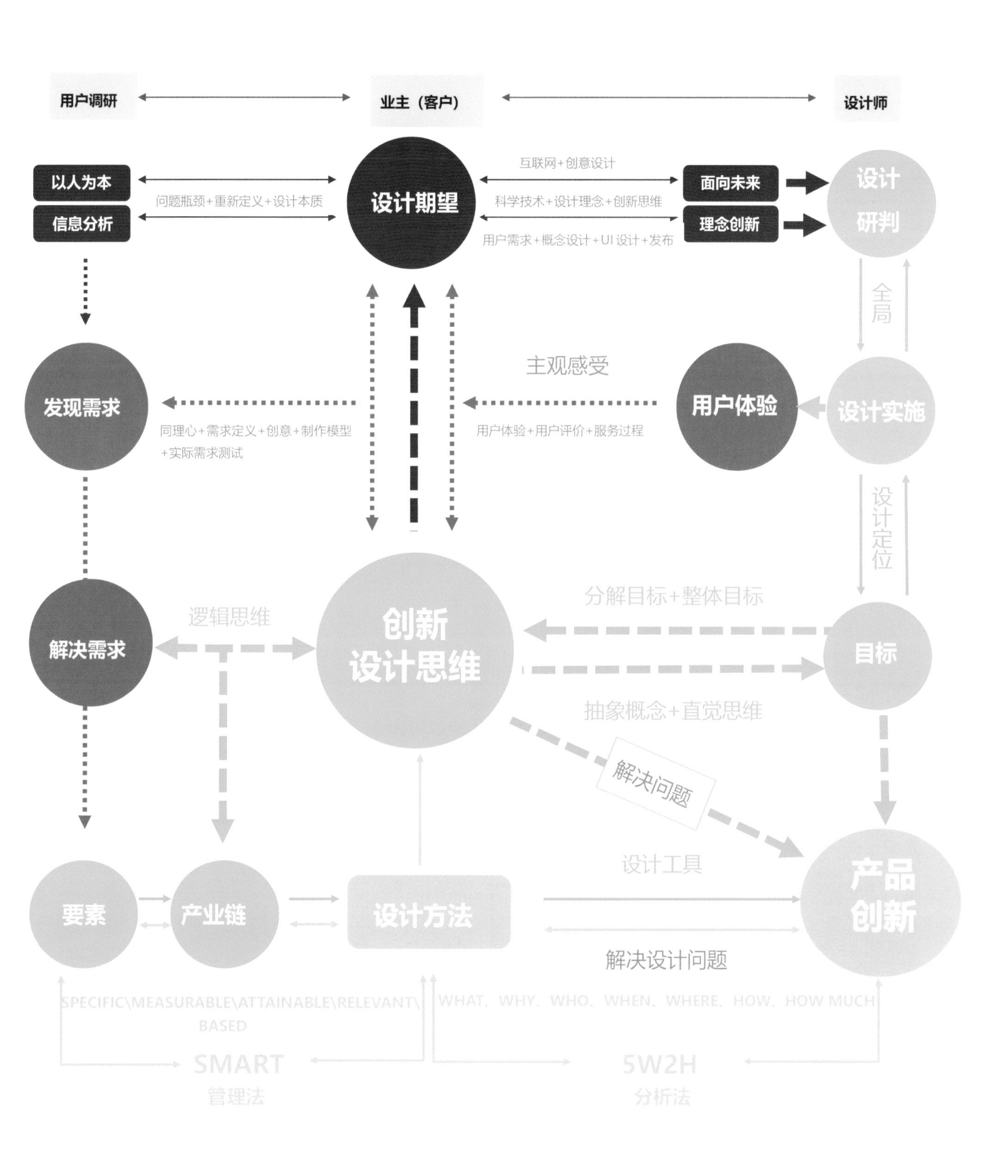

图 1-10 设计思维是多维立体的框架结构

容的总体观念，包括空间关系、材质运用、灯光选择、氛围营造等技巧性内容。第二，“组织”，从广义而言，就是有诸多要素按照一定方式相互联系起来的系统。对于空间设计实施而言，组织的过程就是为实现最具视觉效果的作品目标，通过头脑风暴、设计表达等环节以寻找最优呈现。第三，“实施”是经过前两个基本流程的准备，选择合适的创意思路、营造方式，最终将空间环境优美塑造并呈现出来（如图 1-12、图 1-13）

在空间环境设计过程中，设计思维体现出人们改造自我和客观的创新能力，也是人们在设计工作中一切智慧、能力和心理的集中反映。设计思维首先着眼于人的未来需求或发展，是一种从环境空间设计实践中发现、提炼和实施的高级能力，该能力的创新性与空间设计有关的科学、技术、艺术、审美等因素密不可分（如图 1-14）。设计思维在设计实施过程中承担着多角度、多层次的创意推演和设计抉择，在整个过程中与自我、客户、团队进行反复交流，进而寻找空间设计与表达的最优路径。

图 1-12、图 1-13 设计思维作用下的创意表达的多样性（作者：杨雅珍）

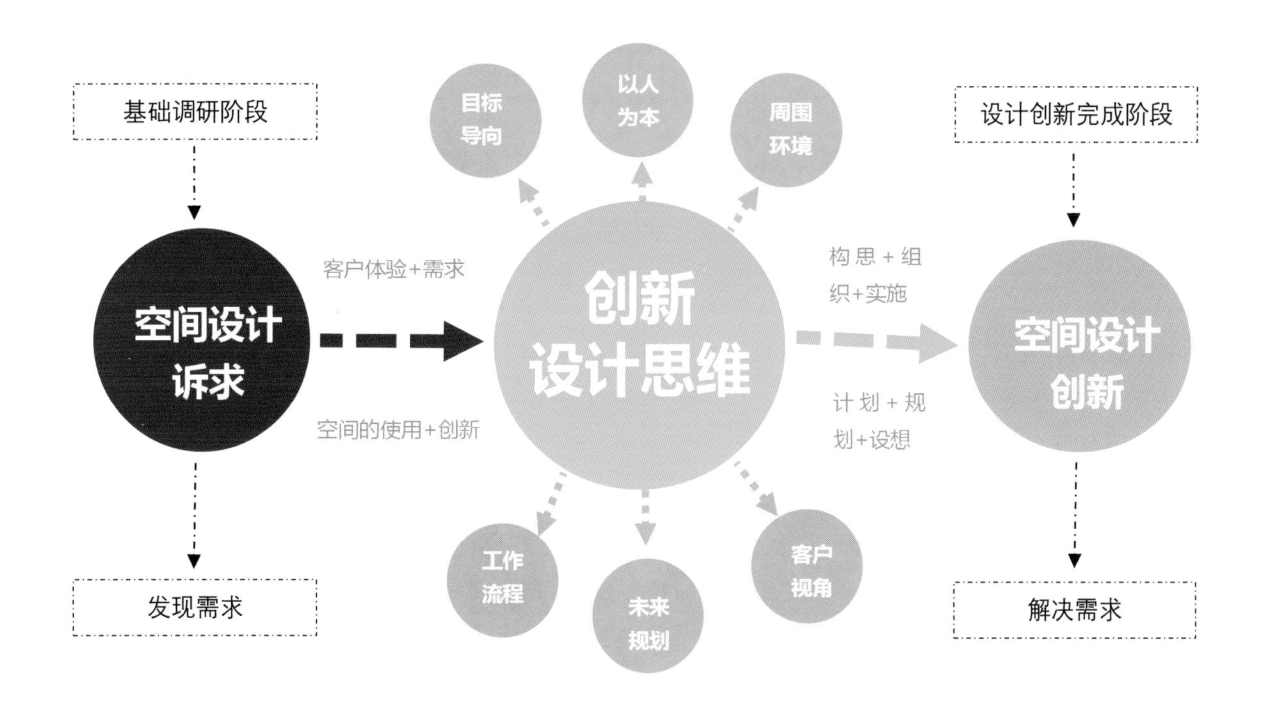

图 1-11 基于用户体验的设计思维

图 1-14 设计思维能力创新与空间设计的科学、技术、艺术、审美等因素有关（作者：刘晓东）

第二章 写生绘画与设计思维初步认知

2.1 通过写生绘画认知设计思维

实景写生绘画是一门专业基础训练课程，在各大美术或设计类院校都有开设。写生不仅可以切身体验大自然的神奇与魅力，以强化写生的透视认知和色彩感知能力，还是设计师必不可少的审美趣味和美学认知养成的训练途径，并在该过程中形成或多或少的思维感想。

图 2-1 印象派代表作品《大丰收》（作者：威廉 • 梵高）

西方较早的传统绘画创作过程中，实景写生是一种非常重要的创作辅助手段，是为了完善作品而进行的收集资料和素材的过程，这种现象一直到 19 世纪末期印象派兴起之后才有所改善。以莫奈、雷诺、阿塞尚、梵高、高更等人为代表的印象派注重现实写生为主要创作方式，其虽然与当时以严谨著称的传统绘画方式相比显得粗糙且不完善，但印象派注重追求光和色彩的表现，在构图上多截取客观物象的某个片段或场景来进行创作，打破了写生与创作之间严格区分的界限，为后续绘画风格的多样性奠定了基础（如图 2-1）。

中国传统绘画自古以来就提倡通过“写生”进行作品创作，写生多围绕山水、花鸟、鱼虫等内容展开，运用毛笔在大自然中对景写生，往往在现场完成自然形态向艺术形态的转化与演变。历史上记载了许多文人墨客的创作经验，在写生山水时，要对眼前山川进行“远观其势”“近取其质”，然后深入其中，对朝霞夕晖，风云晦明切身体会，方能得其灵秀，与山传神。画史有记载五代时期画家荆浩写生松树“凡数万本，方如其真”（如图 2-2）；北宋画家范宽终日默坐山岩，与山对话，这些记载体现了古代宗师对绘画写生的潜心态度。在自然中进行写生创作，很大程度上改变了中国画的思维方式、观察方式和表现方式。

在现实风景写生中，同样的风景在面对不同天气、不同季节和不同光线的时候会呈现出不同的色彩和色调，需要写生者进行主观判断并在较短的时间内快速地捕捉下来，并完成第一印象表达，以提升写生者的观察能力和洞悉能力（如图 2-3）。实景写生不同于在画室内轻松自由的创作，需受时间的限制，但它对画家或设计师来说有独立存在的特殊意义，通过写生不仅可以训练眼睛、脑和手的协调关系，还可以在结合绘画理论和个人写生经验的基础上形成个性鲜明的艺术语言（如图 2-4 ～图 2-12），并在绘画语言中对设计思维做出初步探索。

图 2-2《匡庐图》（作者：荆浩）

图 2-3 现场写生有助于提升观察能力和洞悉能力（作者：余工）

图 2-4 四川羌族特色民族建筑写生，作者注重色调的整体性（作者：夏克梁）

图 2-5 山西窑洞实景写生，用线条表达画面层次与关系（作者：刘晓东）

图 2-6 意大利小镇写生中注重光影对空间的影响（作者：刘晓东）

图 2-7 马来西亚海边村寨写生中表现热带地区的独特风景（作者：冯信群）

图 2-8 印度集市写生中展现南亚特色风貌（作者：郑重）

图 2-9 山西李家山钢笔淡彩写生中注重建筑特色（作者：刘晓东）

图 2-10 水墨写生表达太行山农家雪景中安详宁静之感（作者：陈红卫）

图 2-11 园区景观写生创作表达自然之美（作者：沙佩）

图 2-12 尼泊尔神庙写生运用统一的暖色调控制画面的整体性（作者：刘晓东）

（1）联想思维训练

写生活动有助于设计师积累创作素材，也可以形成多层次、多视角、多维度的联想思维。联想是指在人脑记忆表层中，由于现实环境中某种诱因导致不同表象之间发生联系的某种自有发散特质的创新思维活动，包括想象、空想或幻想（如图 2-13）。写生活动中运用联想思维通过跨越空间、时间进行感悟与创作，在过程中采用举一反三的表达方式有助于设计师从多视角探索绘画效果，并从中选取最佳效果表达路径和绘画艺术展现（如图 2-14）。

写生绘画过程中主要通过四种联想形式发挥作用。其一是接近型联想：甲、乙两个建筑在空间或时间上接近或相似，在主体审美经验中经常将甲、乙两个建筑形体联系在一起，形成固定的条件反射，由甲建筑想到乙建筑，从而引起绘画创作的内容或情绪反应。其二是类比型联想：即通过观察某一类型的事物引起另外一种性质或形态上相近、关联的事物联想，就如看到花瓶就一定联想到鲜花这种道理。其三是对比型联想：即由一个事物的感受联想到与之相对、相反的事物，是对不同对象对立关系的概括，在绘画语言中叫补色联想，例如看到红色容易想到绿色。其四是因果型联想：通过对固有的印象或结果经验进行判断和想象，进而触发联想行为，例如看到科幻空间绘画就容易想到未来生活（如图 2-15）。

（2）平行思维训练

平行思维是指不同角度认知同一个问题的创新思考模式，是引导人们跳出原有的认知模式和心理框架，打破固定的垂直思维定势，通过转换思维角度和方向来重新构建新概念和新认知。平行思维工作流程一般包含陈述问题事实、提出解决方案、评估方案优点、列举方案中的缺点、根据直觉进行判断和做出最终的决策等几个主要的环节（如图 2-16）。学会运用平行思维，有助于提升设计团队协作

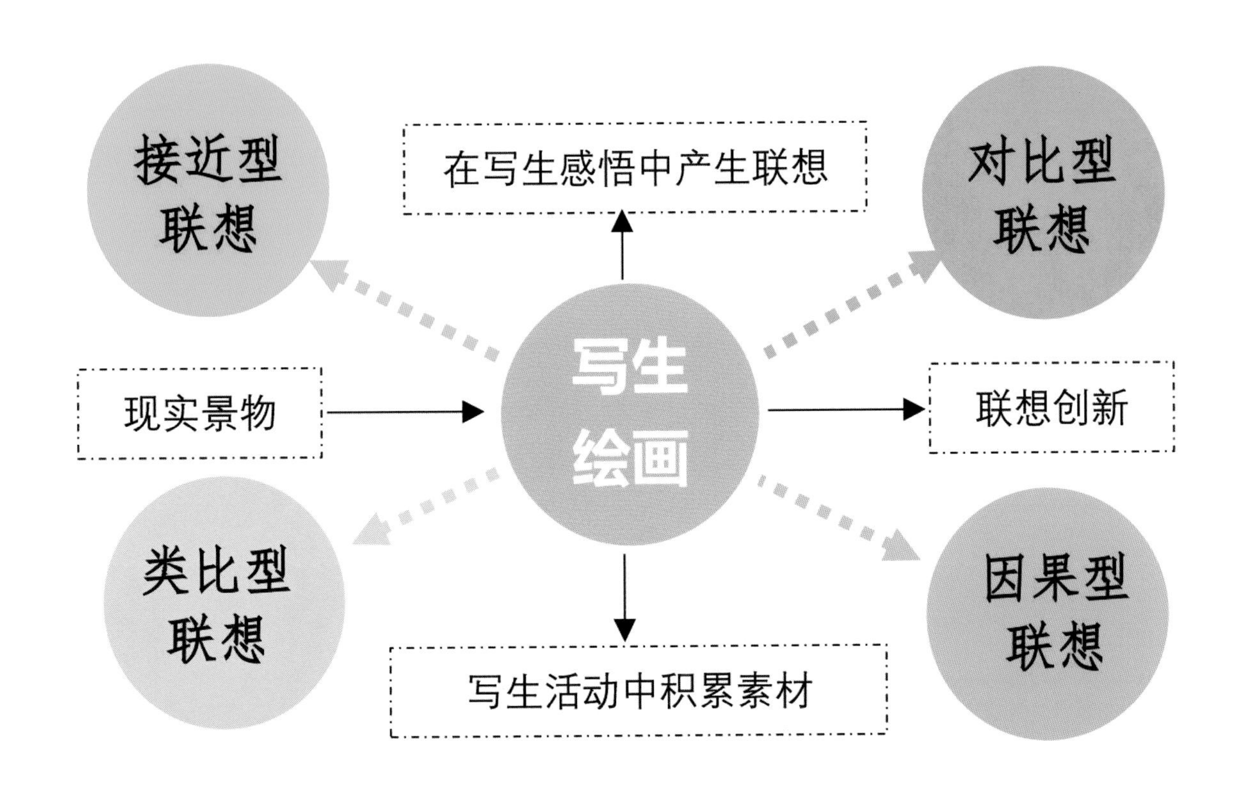

图 2-13 写生绘画与联想思维关系图

图 2-14 在建筑写生中感悟与联想（作者：李意淳）

能力与效率，方便设计师利用创造性和建设性思考方式拓展视野和眼界，使其找到更多的解决问题的方法或渠道，有助于完善设计方案与艺术表达。

在写生绘画创作流程中一般经过写生观察、写生构图、主体分析、剔除现场不利因素、判断写生可行性和落笔写生等几个关键创作环节，环节之间彼此关联又相互独立，同时又共同作用于写生创作整个过程，该过程与平行思维过程基本趋同。趋同因素在于以下几点：其一，写生观察为基础性描述行为，是陈述问题，根据实景确定写生内容；其二，构图为写生创作的主要形式内容，为展现作品的形式美、秩序美和表达美而设置最优构图，与平行思维的提出解决方案趋同；其三，写生常采用几个小草稿的形式来进行构图筛选，从最优视角确定写生表达的完美展现，与评估方案选择最优策略的方式趋同；其四，写生构图从同理心层面出发，可以站在观众视角来剔除影响画面完整性和艺术性的不利因素；其五，写生创作需要根据直觉明确主体内容、色调和表达方式，同时判断创作的可行性；其六，根据前五个写生环节做出落笔写生的最终决策（如图 2-17）。

图 2-15 联想思维作用下的创意建筑空间表达（作者：戈登 • 格勒斯）

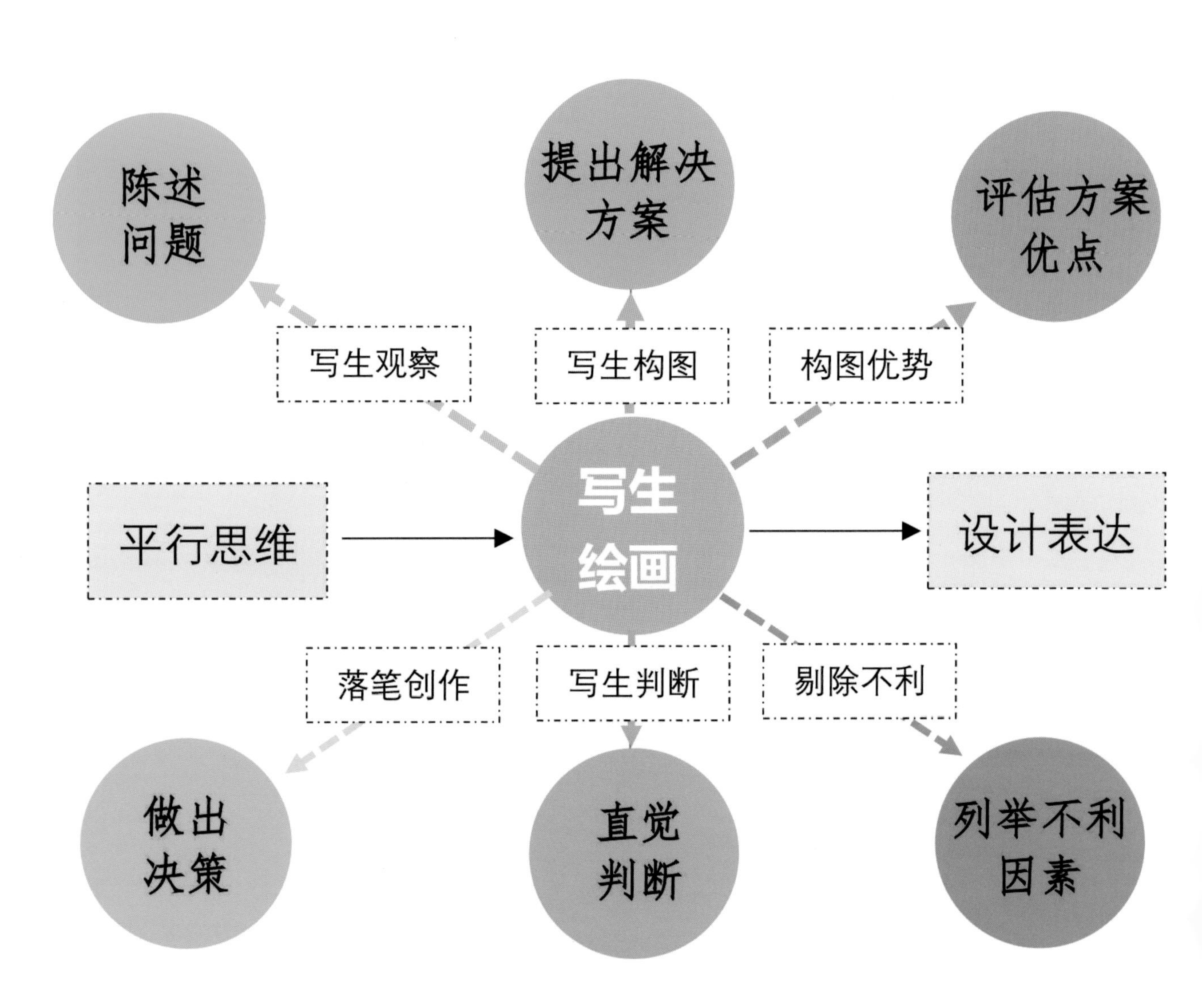

图 2-16 写生绘画与平行思维的关系图

图 2-17 写生绘画的流程与平行思维训练基本趋同吻合（作者：陈红卫）

2.2 手绘素材积累与思维认知

从设计表达风格而言，素材或元素的积累丰富程度决定了设计方案的丰润与华丽唯美，同时也会对初步的设计思维形成一定的认知，有助于激发设计师的创新与创造能力。

空间设计手绘表达基础素材选择范围较为广泛，例如室外场域中的建筑造型、植物、人物、交通工具、环境设施以及室内的家具、灯具、绿化、艺术品等元素都属于素材范围，它们在空间内除了具备实用功能外，还能起到组织空间、丰富空间、营造环境、烘托氛围的作用，有助于手绘作品更具真实性和艺术性（如图 2-18 ～图 2-24）。初学者对环境中各式素材应多观察、多思考、多积累，有助于在表达手绘空间效果时营造出完美的环境氛围（如图 2-25）。

在手绘表达学习的初期阶段，强化手绘素材积累与训练不仅是技法层面提高的需求，对感性创意阶段也有一定的积累作用，更有助于对设计过程的设计思维产生初步认知。“ “设计思维认知”是指人们获取设计知识、技能、理论的心理

图 2-18 手绘素材积累选择范畴较为广泛（作者：刘晓东）

活动和信息加工过程，在该过程中通过认知、发问和质疑能力训练，可以提升设计师对方案设计的整体掌控能力。通过积累手绘素材进行认知能力训练与人们学习手绘、设计的过程密切相关，可以说手绘素材积累是人们学习设计表达的训练基础和必然过程。一般而言，人们对环境空间器物造型等各种素材的认识、观察直至落笔于纸面，其整个记录行为都可以看作设计思维的工作过程（如图 2-26）。

围绕手绘素材写生积累的设计思维的认知有三个层面。第一个是本能认知，即在面对处理各式各样的手绘素材的时候，无需理性考虑外部客观环境、艺术特色等要求，根据个人的本能驱使和喜好，直接临摹或描绘手绘素材，筹建自我使用的素材库。第二个是风格认知，即在通过临摹或写生积累素材时，可以从辩证的视角考虑到风格取舍或演变的问题，主观地去继承原作品的艺术风格或是变换风格后再进行描绘素材，进而形成自己喜欢的手绘艺术风格（如图 2-27）。第三个是独立认知，即在收集素材时就明确独立性和自主性的手绘艺术风格，是一种具有原创意识的手绘表达行为（如图 2-28）。

图 2-19 积累空间常见造型素材有助于后续设计（作者：沙佩）

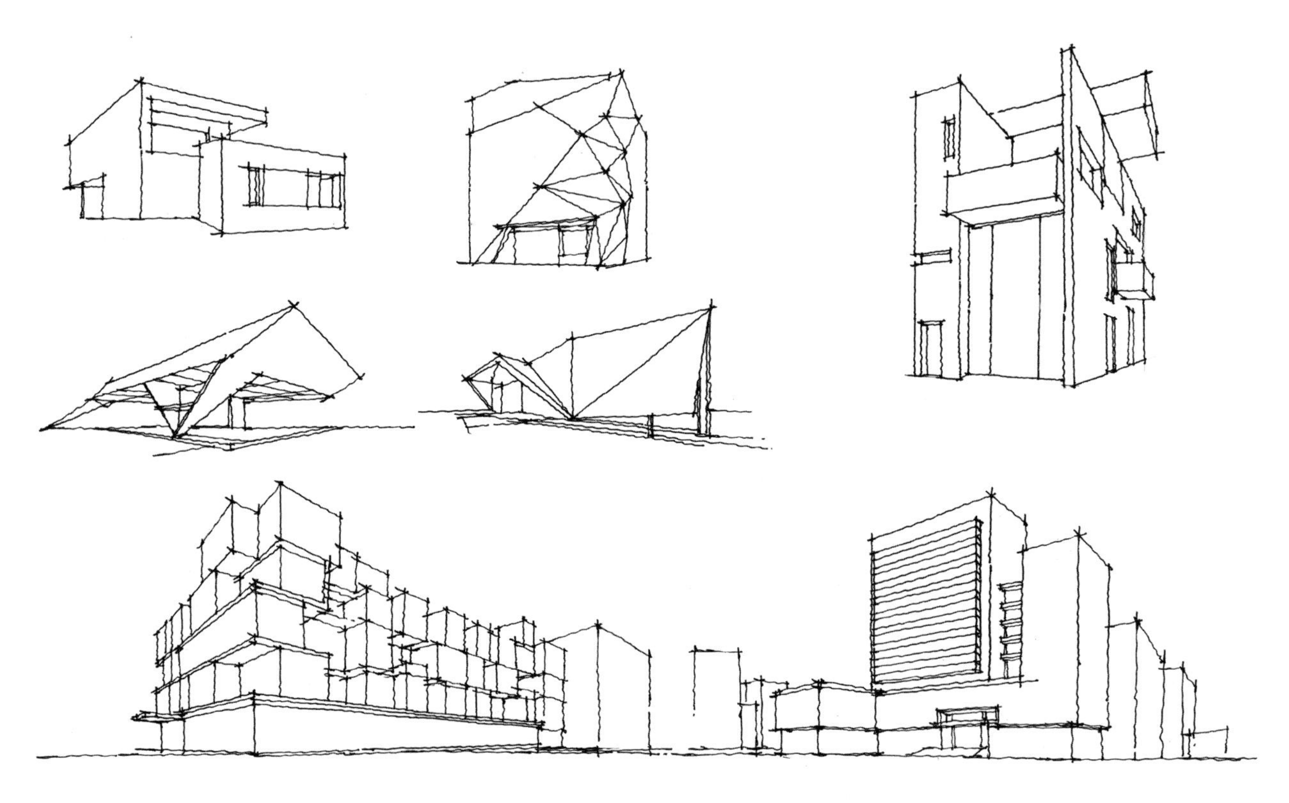

图 2-20 在建筑造型中推敲光影的素材（作者：孙大野）

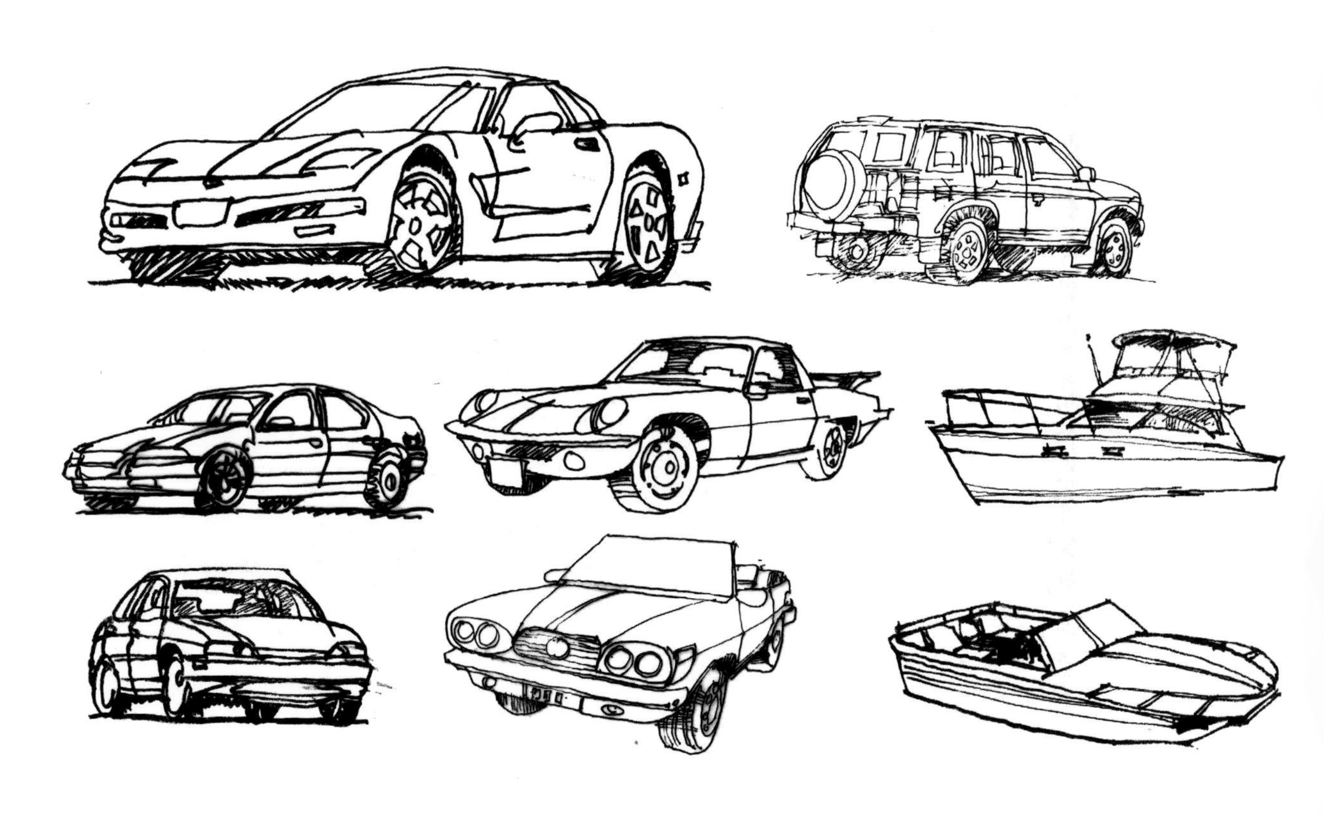

图 2-21 交通工具素材积累有助于室外空间的氛围表达（作者：刘晓东）

图 2-22 人物素材积累有助于空间的尺寸参照与真实性对比（作者：刘晓东）

图 2-23 植物、家具等素材积累有助于空间的真实性（学生作业）

图 2-24 植物、人物、交通工具等素材有助于空间表达的真实性（作者：刘晓东）

图 2-25 写生绘画创作可以从系统层面对素材进行积累（作者：夏克梁）

图 2-26 空间的各种素材记录是设计思维的认知过程（作者：刘晓东）

图 2-27 素材的收集也要注重手绘艺术风格（作者：李意淳）

图 2-28 素材的收集是一种具备原创意识的表达行为（作者：刘晓东）

图 2-29 写生对素材收集是一种逐渐积累的过程（作者：沙佩）

图 2-30 素材收集还包括环境意境、氛围等要素的表达（作者：冯信群）

第三章 透视表达与设计思维转换训练

“透视”是一种绘画活动的观察方法和研究视觉画面空间的专业术语，通过这种方法可以归纳出视觉空间的变化规律。绘制透视图就是根据透视原理将三维空间准确地绘制到二维平面纸面上的过程，同时也是将立体思维与平面思维相互转化的过程，在该过程中可以在平面的绘图纸上得到相对稳定的立体画面空间，即“透视图”。透视图包括一点透视（中心透视）、两点透视（成角透视）和多点透视等内容。

3.1 一点透视空间表现

一点透视也叫中心透视、平行透视，是透视图绘制中最为基础的一种空间立体表现方法，可以表达室内环境和室外景观等空间内容。一点透视表达的空间内的物体主要面平行于画面，其他面垂直画面，而所有的斜线均消失于中心灭点（如图 3-1、图 3-2）。

一点透视应用较多，表达空间主要涉及室内空间、景观空间，其绘制方法容易掌握，初学者可以先从简单的透视造型绘制开始学习，再过渡到较为复杂的空间透视（如图 3-3、图 3-4）。运用一点透视常表现纵深感较强的街道或小区景观，也可以表达出稳重、正式的立体空间效果（如图 3-5），在具体透视绘制过程中需严格按照步骤与要求表达空间造型（如图 3-6 ～图 3-8）。一点透视有两个明显的特征：其一，有唯一的中心灭点（透视消失点），其二是透视线呈放射状。

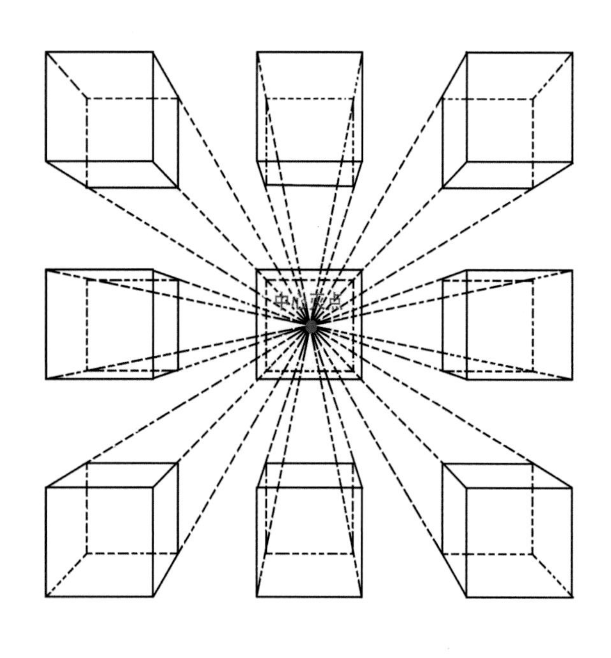

图 3-1 一点透视示意图

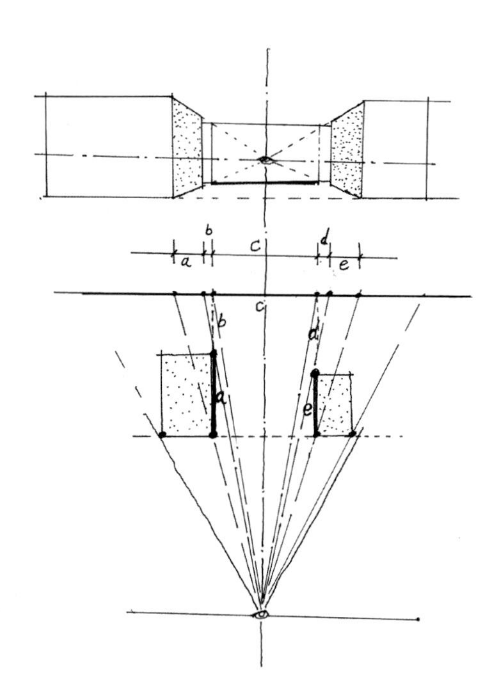

图 3-2 一点透视呈现原理

扫码看视频讲解

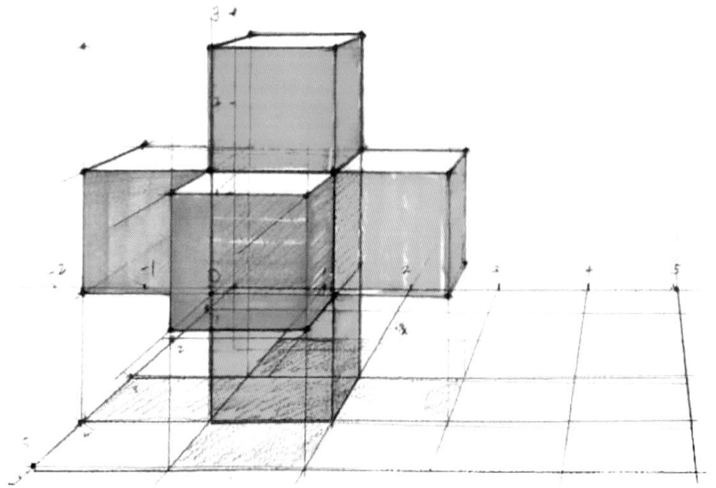

图 3-3 初学者可以先从简单模型入手学习一点透视

图 3-4 从模型向空间造型慢慢过渡（作者：孙大野）

扫码看视频讲

图 3-5 运用一点透视可表达出较强的空间纵深感（作者：刘晓东）

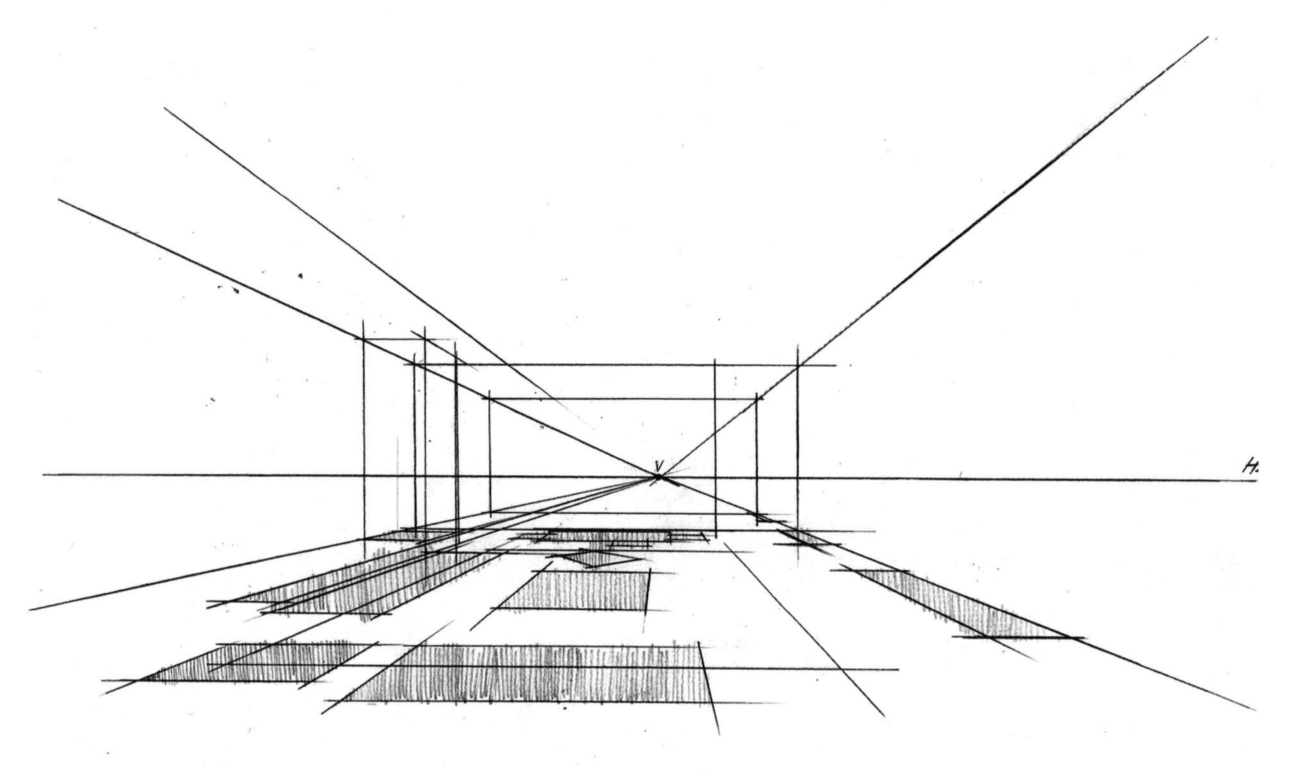

图 3-6 一点透视表达首先确定基本透视辅助线和造型正投影

图 3-7 在透视辅助线帮助下确立空间造型

图 3-8 运用钢笔线细致刻画艺术表达出空间效果（作者：邓蒲兵）

图 3-9 运用水彩表达一点透视街景（作者：Thomas W. Schaller）

图 3-10 一点透视室内空间效果（作者：刘晓东）

图 3-11 一点透视室内空间效果（作者：刘晓东）

图 3-12 线稿表现一点透视室内空间效果（作者：刘晓东）

图 3-13 线稿表现一点透视室内空间效果（作者：刘晓东）

马看视频讲解

图 3-14 用一点透视绘制居住区空间的景观（作者：刘晓东）

图 3-15 马克笔表现一点透视景观空间效果（作者：陈红卫）

图 3-16 马克笔表现室内一点透视空间效果（作者：陈红卫）

图 3-17 马克笔表现室内一点透视空间效果（作者：陈红卫）

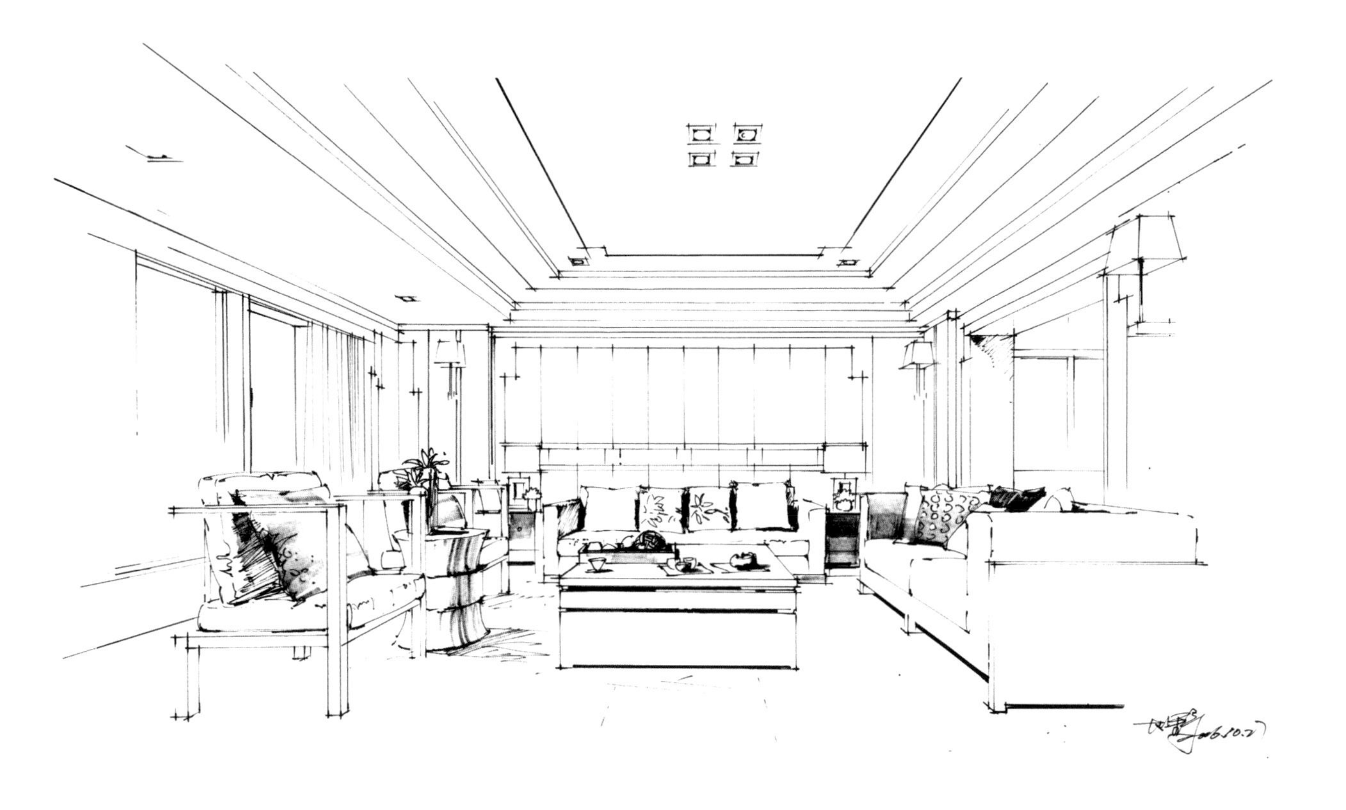

图 3-18 线稿表现室内一点透视的空间效果，简单地区分上下层次关系（作者：孙大野）

图 3-19 马克笔表现室内一点透视的空间效果，注重光影效果表达（作者：孙大野）

图 3-20 水彩表现室外一点透视的街景效果（作者：李意淳）

图 3-21 马克笔表现室内一点透视的空间效果（作者：柏影）

3.2 一点斜透视空间表现

一点透视表达的角度过于严谨、呆板，为克服其不足，也可以采用介于一点透视与两点透视之间的一种透视方法，即一点斜透视，它是在一点透视的基础上表现出两点透视效果的作图方法。一点斜透视的特点是在主视面与画面形成一定的角度，并平缓地消失于画面外很远的一个灭点，类似于两点透视的特征，而地面、顶面、墙面的主要透视线还是消失于画面的中心灭点（如图 3-22 ～图 3-25）。

一点斜透视比平行透视更具表现活力，透视视角更加自然，在保留较好的空间纵深感的同时还可以使画面构图灵活多变（如图 3-23、图 3-29）。

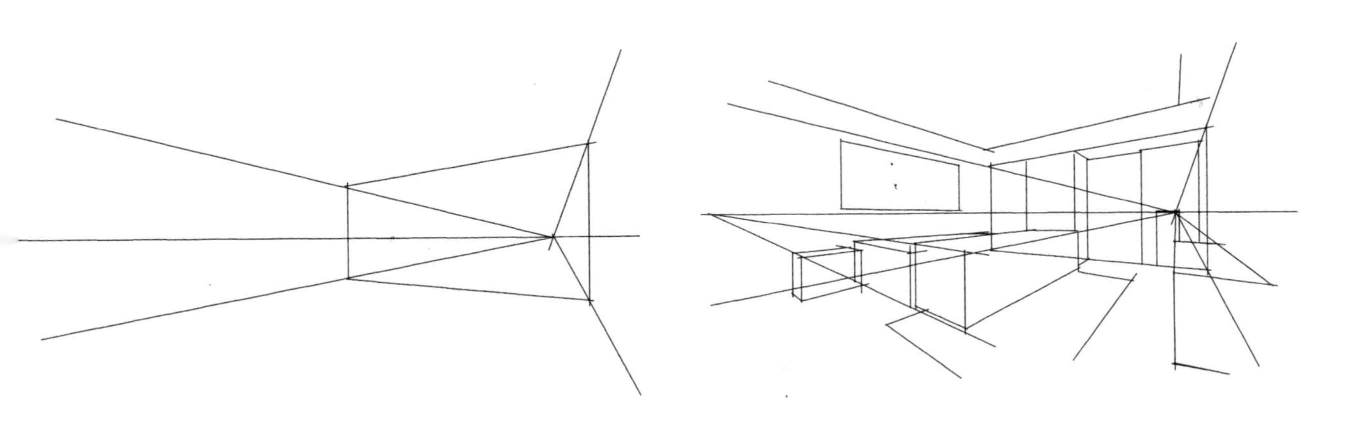

图 3-22 一点斜透视表达步骤一（作者：邓蒲兵）

图 3-23 一点斜透视表达步骤二（作者：邓蒲兵）

图 3-24 一点斜透视表达步骤三（作者：邓蒲兵）

图 3-25 一点斜透视表达步骤四（作者：邓蒲兵）

图 3-26 马克笔表达一点斜透视的空间效果（作者：陈红卫）

图 3-27 马克笔表达一点斜透视的空间效果（作者：陈红卫）

图 3-28 钢笔线表达一点斜透视的空间效果（作者：刘晓东）

图 3-29 马克笔表达一点斜透视的空间效果（作者：刘晓东）

3.3 两点透视空间表现

两点透视亦称成角透视，是空间或主体物角度皆与画面呈一定的角度，每个面中相互平行的线分别向两个方向消失在视平线上，且产生两个消失点的透视表达（如图 3-30、图 3-31）。与一点透视相比，两点透视所表达的手绘效果图更具整体性和艺术性，画面效果比较生动、活泼、随性，画面立体感更强，是一种常用的空间手绘表达方法（如图 3-32）。

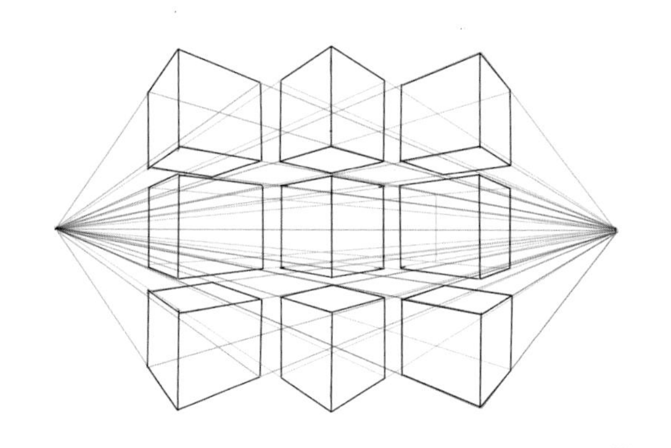

图 3-30 两点透视示意图

两点透视可以表现室内、建筑，以及景观等空间内容。在表达室内空间时，是基于室内夹角线从灭点向外画透视线，形成室内空间；而运用两点透视表达建筑形体时，则基于建筑夹角线向内画透视线，进而形成初步的透视立方体。借助这种透视方法绘制室内或建筑体都要注意构图与透视角度的选择，尽量将两个灭点设置得离画面远一点，以避免透视变形。绘制两点透视比一点透视较难一些，可以先从简单的模型开始学习，逐步向两点透视空间细节表现进行过渡（如图 3-33 ～图 3-36）。另外，两点透视空间上色表达要注意先后顺序和笔调的控制（如图 3-35 ～图 3-38）。

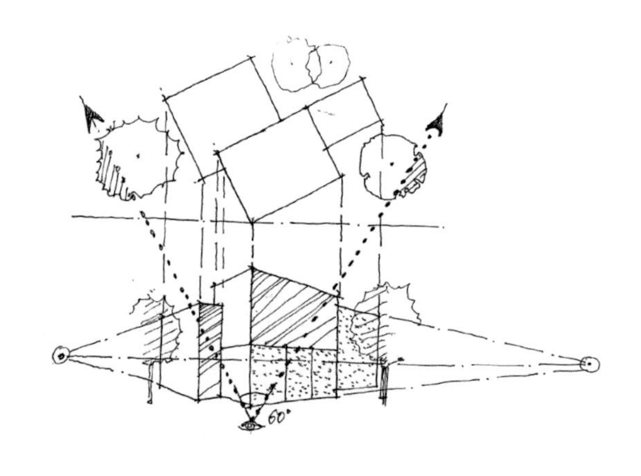

图 3-31 两点透视原理

室外两点透视的视平线高低变化会使建筑呈现出不同的画面效果。较高的视平线会使视野更开阔，描绘的物体或景物更完整，更容易展现在人们视觉之内（如图 3-35）；而较低的视平线最为接近人们正常的观察视角，也是透视图中运用较多的视平线位置，可以将建筑描绘出较高大的透视效果（如图 3-36）。另外，两点透视上色形式与一点平行透视不同，需注意上色笔调的角度处理（如图 3-37 ～图 3-42）。

扫码看视频讲解

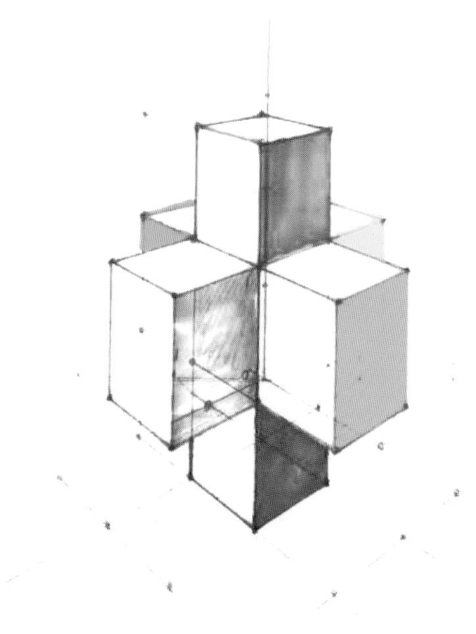

图 3-33 运用室内两点透视方法绘制模型

图 3-32 用两点透视表达的空间更生动有趣（作者：刘晓东）

看视频讲解

图 3-34 运用室内两点透视方法绘制居室空间（作者：刘晓东）

扫码看视频讲

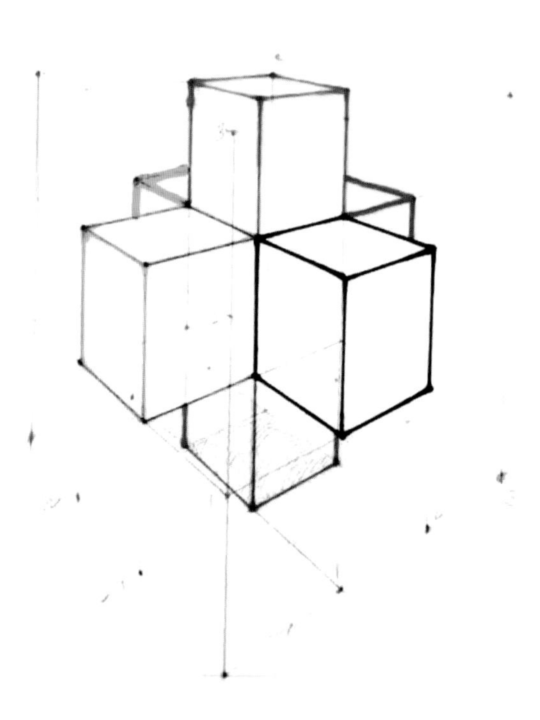

图 3-35 运用室外两点透视方法绘制模型

扫码看视频讲

图 3-36 运用室外两点透视方法绘制小型建筑（作者：刘晓东）

图 3-37 上色步骤 1：空间上色前注意线稿的疏密关系（作者：孙大野）

图 3-38 上色步骤 2：空间上色需注意基本色调的铺设（作者：孙大野）

图 3-39 上色步骤 3：上色过程中需考虑笔调角度、冷暖变化和光感关系（作者：孙大野）

图 3-40 上色步骤 4：上色最后一步是整体调整和艺术氛围的控制（作者：孙大野）

图 3-41 运用成角透视绘制的小型建筑（作者：孙大野）

图 3-42 运用成角透视绘制的小型建筑，可以用调子控制画面节奏（作者：孙大野）

3.4 透视空间表现与设计思维转换

设计思维是一种高度适应性的问题解决方法，旨在提升设计师对方案设计的理解，重构问题并快速提出解决方案，打破设计固化思维模式，探索创新性的设计服务解决方法，并随着项目设计实施进展而随时转换或调整。

在实际设计展现案例过程中，常常将透视方法、透视灭点、视平线、设计风格、装饰色调等要素进行转换而改变空间效果表达，此时每一个透视空间转换也同时带动设计思维对应变化，即运用不同透视视角观察同一个物体而产生的设计思维是不同的（如图 3-43 ～图 3-45）。运用透视角度变换转换设计师的设计思维，用发展的眼光看问题，从多层次、多方面、多角度考虑同一个问题或设计，可以得到更加全面的认识，进而发现问题的本质和共性。

设计思维转换下的空间设计变化更具合理性与系统性，是一种基于换位思考模式下的设计探索，可以帮助设计师将设计的着眼点和视角从个体转向群体、从自己转变为服务他人，也可以从局部创新转向整体设计服务，从而使设计方案与表达更具凝聚力和向心力（如图 3-46）。

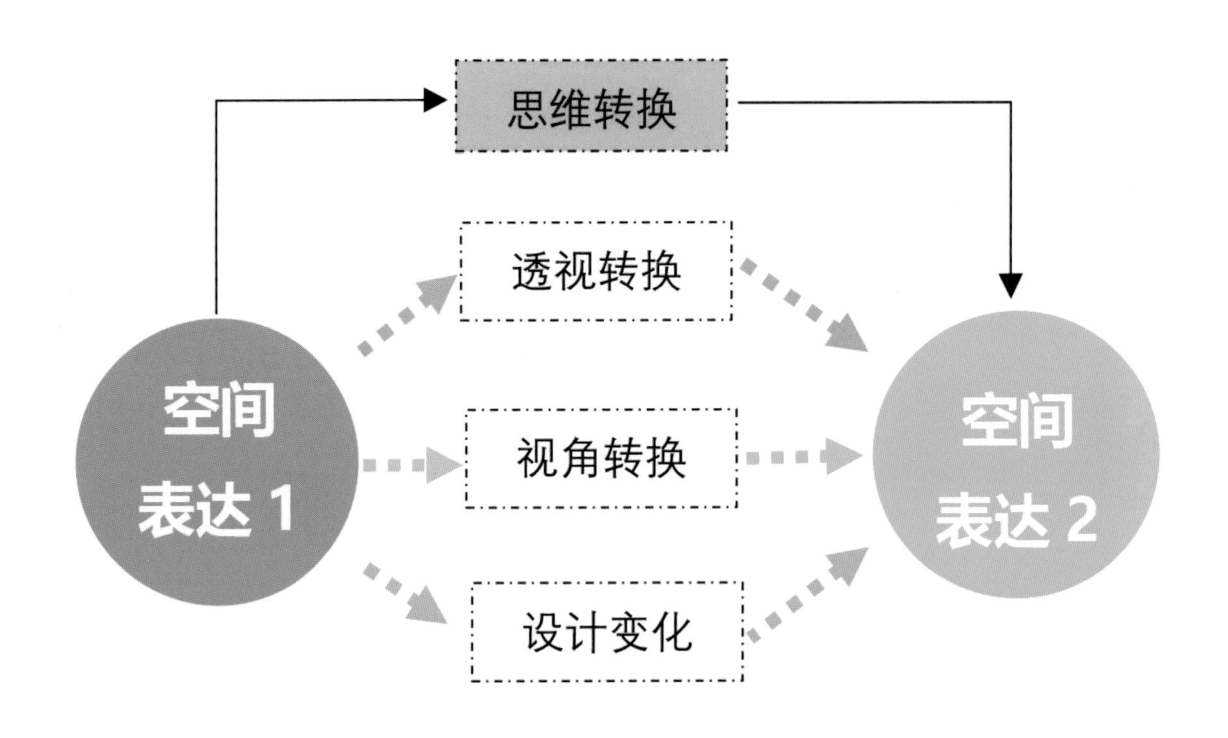

图 3-43 设计思维转换示意图

图 3-44 低视角观看设计方案效果

图 3-45 高视角观看设计方案效果

图 3-46 转换设计思维可以实现大门口多视角的展现（作者：陈浩）

图 3-47 会议中心室内空间展现室内设计细节与意图（作者：孙大野）

图 3-48 会议中心室外空间展现建筑造型设计（作者：孙大野）

图 3-49 日本北九州市立美术馆表现角度 1（作者：孙大野）

图 3-50 日本北九州市立美术馆表现角度 2（作者：孙大野）

第四章 手绘表达与设计思维训练

手绘表达对于建筑设计师、室内设计师、景观设计师、产品设计师等专业人群而言意义非凡，是设计过程中必不可少的“设计思维图示语言”。首先，手绘表达有助于设计师捕捉脑海中虚幻缥缈的设计灵感，并通过大脑、手和眼睛的协作，实现将固化灵感表达成具体的草图方案，探讨设计理念的可行性，同时通过手绘试验以提升方案实现的可能性；其次，空间手绘表达是设计师向客户表达艺术构想和创意方案的有效沟通手段，设计师借助画面中每一根线条、每一笔色彩对自己进行思维输出、对他人进行创意交流。再次，手绘表达是将抽象元素变为具象创意表达的最佳、最迅捷的手段。手绘表达可以将感知到的空间尺度、比例、材质、质感、色彩等具体要素迅速转换为空间抽象氛围营造，将感性认知与理性表达相结合，成为空间艺术美学的有效阐释。最后，空间手绘表达是抽象思维的体现者和组织者，通过特有的艺术手法和绘画技巧展现出具象形式，将抽象思维转换为艺术效果和图示语言并体现出高雅的艺术气质，同时将设计师个人审美品味和文化内涵以造型、色彩、光线等形式融合到手绘作品表达之中（如图 4-2 ～图 4-5）。

图 4-1 绘画中展现艺术家的艺术审美与素养（作者：李意淳）

图 4-2 手绘表达可以将抽象思维转换为具体的艺术效果（作者：Thomas Schaller）

图 4-3 街道手绘表达将抽象思维转换为具体可见的艺术效果（作者：AL Forster）

图 4-4 借助线稿作品进行上色练习
是丰富图示语言的有效手段
（作者：刘晓东）

图 4-5 作者的审美素养与表达技法
来展现出了乡村景观中蕴含的艺术氛围
（作者：Gordon Drice）

4.1 手绘表达技法与设计思维对应关系

在手绘表达作品中会根据个人喜好和效果需求而采用不同的创作技法，有的技法规范而传统，有的技法激进而夸张，也有的技法是唯美而含蓄。但是，具备独立思考意识的设计师们在创作各式各样手绘表达作品的时候，常常因为创意表达的目的不同而展现出思维方式的多样性，即通过手绘表达技能的训练可以形成对各式设计思维的初步认知，其内容主要包括通过图解思考认知抽象思维、利用概念推敲认知形象思维、借助意象表达认知直觉思维、通过透视推敲认知逻辑思维、通过作品临摹认知逆向思维，以及前面章节讲过的通过空间或透视视角的转换认知平行思维（如图 4-6）。因此，借助手绘表达技法探讨各类型设计思维，帮助设计师们从虚无缥缈的灵感创意出发，借助手绘表达探索各类型创新设计思维与体系化设计方法则成为本书研究的重要内容。

（1）图解思考形成抽象思维

在空间设计初期草图推敲阶段，在抓取转瞬即逝的灵感时需要考虑空间尺度、地理因素、要素逻辑、功能区域以及空间关系的处理，还要在各种关系组织中发掘和理清新的抽象逻辑关系，同时还要挖掘出各个关联设计元素之间的偶然性和必然性，寻找设计中最为本真的特性与规律。设计师需要在相对抽象的草图中寻找点、线、面之间以及它们自身之间的作用关系，在偶然中寻找必然关系，在相对无序、凌乱、模糊的草图中认知抽象思维的模式与意义，以期借助抽象思维从客观规律中科学地预见事物与现象的发展趋势（如图 4-7、图 4-8）。

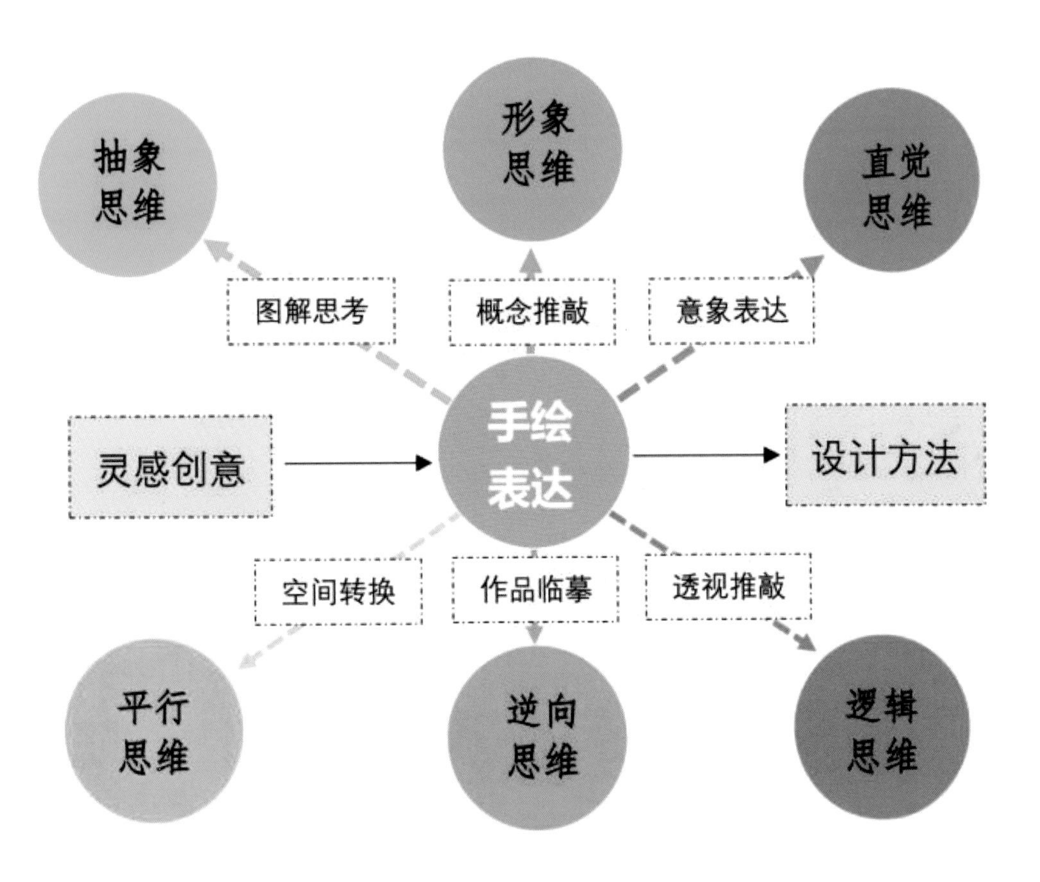

图 4-6 手绘表达到设计思维认知关系图

图 4-7 从创意灵感的无序、模糊中寻找设计本质（作者：弗兰克 • 詹姆斯）

图 4-8 在相对抽象的手绘草图中认知空间形态与要素逻辑（作者：叶惠民）

图 4-9 A、B、C 三张草图从构图视角推敲建筑与景观表达

（2）概念推敲形成形象思维

现实设计过程中需要综合考虑设计限制与客户诉求，同时需要结合设计师本人对项目的理解，依据方案对空间的形态设想进行构思、推敲，形成概念性的方案草图。这种空间草图推导方式并非基于清晰的思维实现，而是虚幻、模糊的概念想象，并通过各种大小不一的形态辅助设计推导方案细节，探讨空间变化和层次关系，逐步完善出具备一定设计价值的具体形式（如图 4-9、图 4-10），这种从抽象创意灵感慢慢演化成具体可行的设计形式的过程就是形象思维工作过程（如图 4-11）。

（3）意象表达形成直觉思维

艺术绘画皆注重“意象表达”，东晋顾恺之提出“以形写神” “迁想妙得”等绘画理论就是阐述了意象表达的重要性。现代环境设计手绘技法表现则是基于意象表达体现出设计师审美情趣，同时融入设计师本人的主观感受，进而形成较为独特的手绘作品艺术风格。手绘的意象表达是设计师经过分析和归纳项目空间关系，根据个人直观感受传递出一种表象信息，在平面、立面、透视等空间手绘表达中形成的相关设计认知，并在设计师头脑中形成物理记忆和整体的结构关系，即创意设计的“直觉”感受。这种“直觉”感受主要通过手绘种类、风格特征、色彩处理以及空间关系表达等要素来实施直觉思维并进行艺术表达，是一种依赖于设计师大脑对于可视形象或图形的空间想象，同时也基于设计理论，美学理论以及设计师个人境界、审美的感受力（如图 4-12 ～图 4-14）。

图 4-10 在形象思维帮助下对建筑造型进行多元思考（作者：郑孝东）

图 4-11 形象思维有助于建筑空间设计形成与最终效果表达
（作者：Curtis James）

图 4-12 直觉思维作用下的手绘作品体现作者的境界与审美感受力（作者：杨健）

图 4-13 直觉思维作用下的手绘作品体现作者的境界与审美感受力（作者：陈红卫）

图 4-14 直觉思维作用下抓取实景中的艺术与文化气息表现到手绘作品中（作者：沙佩）

（4）透视推敲形成逻辑思维

透视学属于自然科学的范畴，是基于严密逻辑数理界定下的几何理论，是西方现代空间类绘画的基本形式和重要的评判标准。空间手绘透视表达是通过展现不同设计创意而确立的，通过对透视表达细致的推敲和分析，确定最科学的空间造型和最佳效果呈现。这种通过理性分析并进行对比处理的空间透视选择过程，就是设计师基于逻辑判断的设计立意展现与表达。从手绘艺术表达本身而言，这种逻辑思维工作相对理性和机械，会依据空间设计表达的诉求来选择展现的侧重、细节等内容，进而表达出不同的手绘艺术效果。透视空间的推敲源于几何表达的准确性，是由科学数据和绘制方法严格界定的，整个绘制过程具有较强的递进逻辑性（如图4-15）。绘制透视空间效果图的工作过程有助于设计师训练逻辑思维，自觉注重在工作中分析研判、规范遵守以及设计标准等行为。逻辑思维反作用下的手绘表达由于受限于空间关系和美学理论，因而更具科学性和理论性的规范之美（如图4-16、图4-17）。

（5）作品临摹形成逆向思维

在手绘技法训练初步阶段，最为常用的学习方法就是寻找优秀的手绘作品作为参照“标杆”进行临摹，即通过逆向思维方法先确定作业质量高度再制定和实施下一步的手绘学习过程。初学者通过临摹优秀手绘作品来学习线条、构图、色彩、笔触，以及各种绘画关系表达，在临摹过程中发现自己的问题和不足，并参照范本及时对错误进行矫正，以尽快获得手绘技法与表达能力的提升，进而达到事半功倍的学习效果。通过作品临摹细细揣摩画作表达细节、光影关系和色彩技巧，也更容易领悟绘画理论与美学关系，有助于形成自己的绘画语言，锻炼手、眼、心的协调能力和总体效果把控能力（如图4-18）。在临摹作品中学会逆向思维方法，可以帮助初学者提升未来学习、设计习惯与方案应对策略，从大师作品的艺术和绘画高度严格要求并提升自己专业水平（如图4-19）。

图4-15 推敲透视过程有助于形成逻辑思维（作者：郑孝东）

图 4-16 逻辑思维作用下的透视表达更具准确性和规范性（作者：刘晓东）

图 4-17 透视表达中的艺术性离不开逻辑思维的约束（作者：刘晓东）

图 4-18 作品临摹有助于理解绘画理论与美学关系（原作者：Ernst Grillhiesl）

图 4-19 优秀作品的绘画性和艺术性皆对初学者有重要参考价值（作者：夏克梁）

（6）空间转换训练平行思维

平行思维与垂直思维对解决设计问题都有一定的意义。垂直思维是沿着固有的路径一直走下去，而平行思维可以跳出原有的认知模式和心理框架，打破原有的既定思维，通过转化思维角度和方向重新构建新的概念和认知，如同打开另外一扇窗子看世界的道理一样。平行思维思考范式体现在设计手绘表达过程中就是围绕同一个空间或建筑进行多视角推敲表达，不仅能从装修风格视角探讨空间文化的内涵与表达，还可以从色彩的视角谈空间氛围的热情或含蓄，甚至能从材质应用看待空间的质感与艺术表情。

从一点透视空间转换到成角透视空间转换的过程，无论是对两种透视灭点位置的确立还是对主体细节的艺术刻画处理，都可以看做是利用平行思维围绕同一个空间进行多视角、多模式的推敲与设计分析，为后续更好地展现理想的空间效果做好分析与研判（如图 4-20）。

图 4-20 围绕同一个空间切换设计风格或透视以认知平行设计思维（作者：刘晓东）

4.2 手绘表达对设计思维训练的作用

空间手绘表达是一个复杂的思维工作过程，是通过将大脑中抽象创意灵感转化为具体形象的视觉绘画语言并清楚准确地将思维片段乃至方案整体构思以图示的方式呈现出来的过程，对于设计师而言是一项艰辛而又充满趣味的活动。但是，借助多样化的手绘表达形式理解和建构系统性的设计思维体系，对于大多数非理工科的设计师们而言更是一次艰难的挑战。

（1） 推动形象思维训练

形象思维是设计思维中最为主要的构成内容之一，其本质框架构成是基于经验的积累。设计手绘表达训练的经验是将各种各样手绘资料、素材内容和艺术认知进行高度抽象和概括，并从手绘认知渠道形成直接经验和间接经验。例如风景写生就是直接经验，临摹作品则属于间接经验。手绘技能提升需要大量的素材和表达作品积累，通过反复的训练以零散片段式的形象存储在头脑中，在面对新的设计方案表达时通过艺术表达技法把必要的形象信息进行加工创作，最终形成手绘艺术作品（如图 4-21）。一般而言，通过手绘表达揭示空间设计的本质属性和艺术内涵结构关系，有助于设计师形成具体、直观和可感的形象思维，其训练过程需要经历五个阶段：提取、分析、综合、评估和整合。在手绘表达过程中，首要阶段是从积累的素材中提取所需要的透视角度和主体塑造等表达元素；第二阶段需要分析手绘表达的若干风格问题；第三阶段是根据方案表达需求将选定的透视、风格、主体塑造进行综合分析和再评估；最后是通过系列的草图推敲、色彩设想以及造型艺术塑造等方式整合成为最终的手绘表达效果。

图 4-21 手绘表达是需要大量素材与表达作品的积累（作者：邓蒲兵）

（2）强化直觉思维训练

空间手绘表达常常是检验直觉思维的有效方式，即通过观察空间进行再认识、再判断，并徒手展现设计画面的艺术行为。运用直觉感受空间关系与内容，寻找理想的构图方式、刻画重点、光影表达和色彩提炼，是一种主观能动地了解手绘表达对象的思维闪现方式。直觉思维具有突发性和非逻辑性的表征特点，有助于人们通过少量表象内容激发出内心深处的设计灵感，直接表达出个人看待空间环境的本质与规律，最后呈现出含蓄而质朴的艺术质感（如图 4-22）。

（3）提升灵感思维训练

空间手绘表达技能学习会对灵感思维有提升作用。首先通过大量线条训练、单体表达、透视推敲等，可以帮助初学者提升构图能力与熟练程度；其次，通过徒手勾画不同的树木、花草、建筑、人物、交通工具，以及公共设施等直观元素，将会提升初学者对立体空间的感受，掌握随意运用素材的能力；另外就是通过临摹较多的优秀作品可以提升空间方案艺术表达总体把控能力以及综合表达能力。所以，随着手绘素材、技能、水平的提升，有助于快速抓取设计师个人内心深处的创意灵感，即灵感设计思维的形成。灵感在空间和时间层面都表现出极强的不确定性，不受思考者控制而突然发生，但它是通过长期技能沉淀、知识积累以及专业素养的提高后自然而然形成的（如图 4-23）。

图 4-22 直觉思维有助于激发深度的设计本质与规律（作者：陈红卫）

图 4-23 手绘表达有助于灵感思维的训练和形成（作者：陈红卫）

（4）有助逻辑思维训练

古希腊哲学家亚里士多德在讨论事物何以存在时，提出了“四因说”，即形式因、质料因、动力因和目的因，这四大因素构成设计思维的关键逻辑点。整个空间设计环节利用手绘表达仔细推敲空间造型、风格流派、形式塑造、材质运用、设计参数等环节，设计工作与手绘表达具备完整的逻辑递进关系。因此手绘表达训练过程是通过观察空间、构思设计元素、绘制草图、推敲整合、勾画初稿、线稿描绘、上色表达、细节修饰等步骤完成，其整个过程按照手绘表达分类、所属关系和先后顺序依次展开，具备较强的逻辑递进性（如图 4-24）。以点绘为例，从落点开始到作品完成，需要根据绘画进度将构图大小、疏密深浅、前后层次等关系围绕逻辑顺序一一落实（如图 4-25）。因此，通过手绘表达总结艺术创作规律与经验，有助于形成理性的推理、判断思维，即逻辑思维。逻辑思维也称之为线性思维，具有单一性和递进性的关系特征。

图 4-24 手绘表达有助于逻辑思维的训练（作者：沙佩）

图 4-25 点绘表达需注重逻辑关系和前后顺序（作者：张佳怡）

（5）推动发散思维训练

现实方案设计表达过程中，有时候需要针对一个空间内容采取多角度、多风格进行展现与表达，包括取景方式、透视角度、色彩关系、创作主体的多样性选择，是一种多视角、多方向和立体性的表达过程（如图 4-26）。通过手绘训练流畅性、变通性、新颖性的创作方式有助于训练设计师从不同角度进行问题探索，冲破传统思维束缚，从多种层面分析方案设计的可行性，围绕既定空间设计方案产生大量的创新性设计表达内容，最终有助于设计师形成视野开阔的发散性设计思维（如图 4-27）。

（6）强化逆向思维训练

逆向思维也称为反向思维，是一种“敢于反其道而行之”的思维形式，具有普遍性、批判性和选择性的思维特征。

美学理论学习和优秀作品鉴赏是手绘表达前必备的研学过程，其目的是在提升设计师手绘艺术表达理论水平、艺术修养的同时也提升创作水准。该过程有助于帮助设计师打破从初级到高级的习惯性思考路线，绕开初学者的技能尴尬而直接通过高水平的作品临摹而实现高质量学习，树立“自己即是高手”的自信理念，站在大师手绘视角来探索手绘表达的艺术性和必然性，反向思考设计诉求与设计表达应对的能力要求，以提升初学者的手绘表达与艺术水平（如图 4-28 ～图 4-30）。因此，通过临摹训练手绘表达可以帮助学生形成以多元的视角解决问题的逆向设计思维模式。

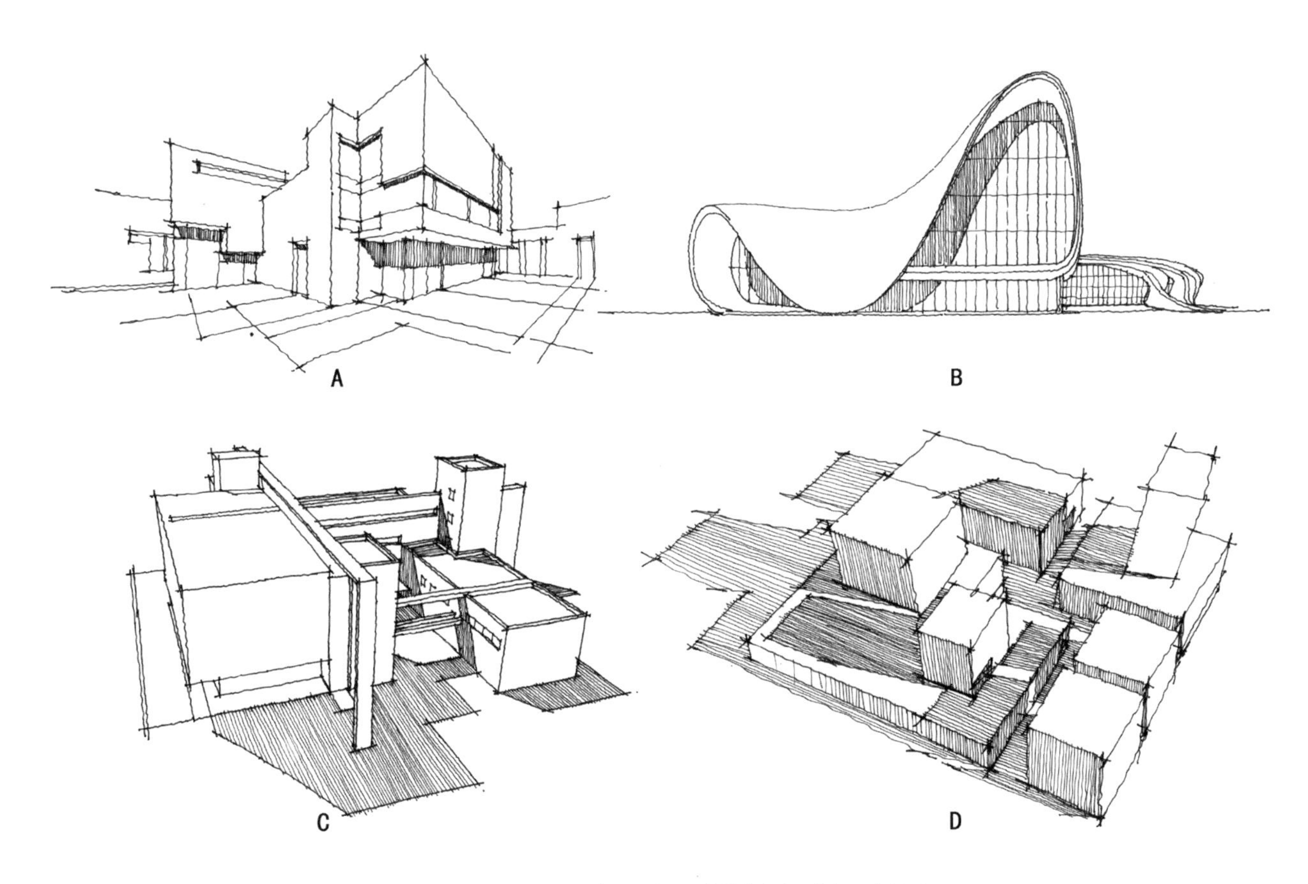

图 4-26 设计手绘表达是多方向、多角度的立体性表达（作者：孙大野）

图 4-27 空间设计方案的手绘表达是一种多视角的表达行为（作者：Toledo,OH）

图 4-28 用逆向思维提升手绘表达学习效果与艺术水平（作者：陈红卫）

图 4-29 学会利用逆向思维将优秀景观作品作为学习目标（作者：沙佩）

图 4-30 用逆向思维提升手绘表达学习与艺术水平（作者：沙佩）

第五章 设计思维反哺手绘表达

设计思维习惯的养成对手绘表达和其他设计辅助表现都会形成反哺作用，即有助于手绘表达中各种构成元素的有机统一，拓展手绘视觉表达的内容与技能，提升手绘艺术水准与制图规范，启发设计师养成逻辑严谨和发散开放相结合的工作思维习惯。导入设计思维的手绘表达更多的是追求一种对于空间创造性设计视觉语言的认知方式，两者之间通过各自独特性格特征对彼此产生反哺作用，进而演化成具备一定生态化发展的手绘逻辑关系架构（如图 5-1）。

5.1 设计思维有助于手绘表达条理性

5.1 设计思维有助于提升手绘表达的条理性

理性的设计思维可以推动人类把握客观事物本质和深入挖掘内涵规律，其具有思辨、多元、包容的特征。在空间手绘训练初步阶段，将理性设计思维融入感性的造型阶段，使感性与理性融会贯通，有助于手绘视觉元素训练的条理化推进。围绕点、线、面、色彩、肌理、透视等内容展开模式化手绘训练学习，以理性分析为先导，帮助初学者寻找手绘由简入深的逻辑训练关系。例如光影在空间中的适当运用、空间主体的前后表达顺序、色彩冷暖关系掌握、配景细节搭配与塑造等问题都可以挖掘出一定的手绘表达规律（如图 5-2）。设计思维介入下的手绘表达训练由浅入深、循序渐进的展开，由此获得以尺规工具辅助进行手绘表达空间的造型能力，并借助带尺寸的平面图、立面图强化理性设计思维训练（如图 5-3、图 5-4）。

借助理性的设计思维进行深入而细致的手绘艺术表达，其实是将复杂多元的手绘创作分解成相对简单且具体可操作的学习过程，依据美学理论寻找空间塑造、透视应用、色彩关系、光影关系等手绘表达规律，进而有助于强化设计师对空间形态的解析、重组、简化、衍生等创造性设计行为推进（如图 5-5）。同时，理性设计思维还可以帮助设计师通过对手绘表达的分析、理解和感知，快速达到对项目设计的理解认知和与主观设计创造相结合的最佳工作状态。

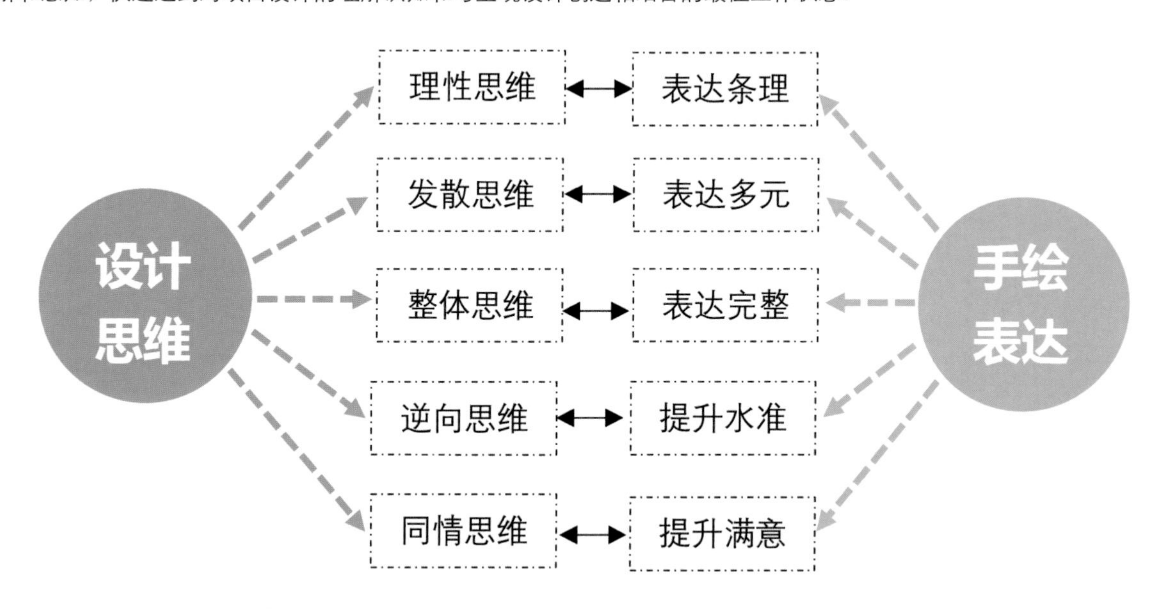

图 5-1 设计思维反哺手绘表达逻辑关系架构

图 5-2 45° 度斜角光影的表达方式逐渐成为一种光的塑造规律（作者：Cany Simmons）

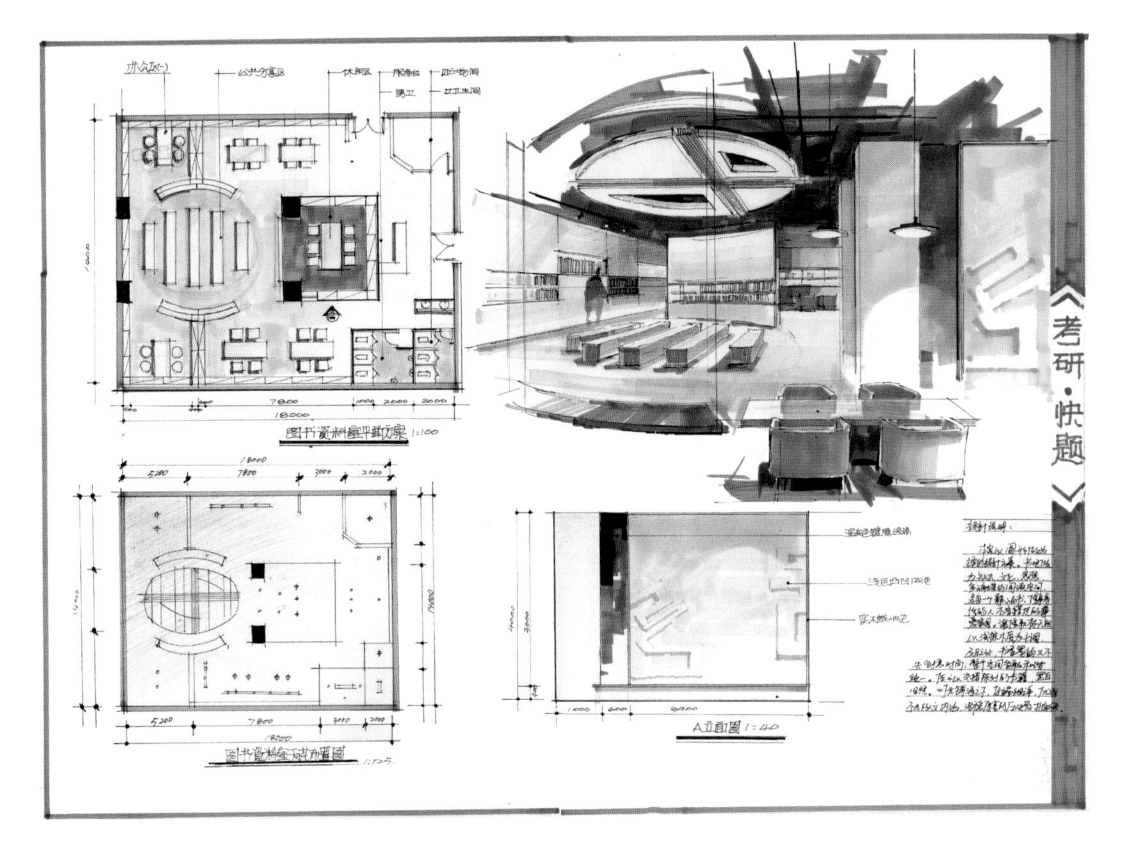

图 5-3 借助尺寸图强化理性的设计思维训练（作者：陈红卫）

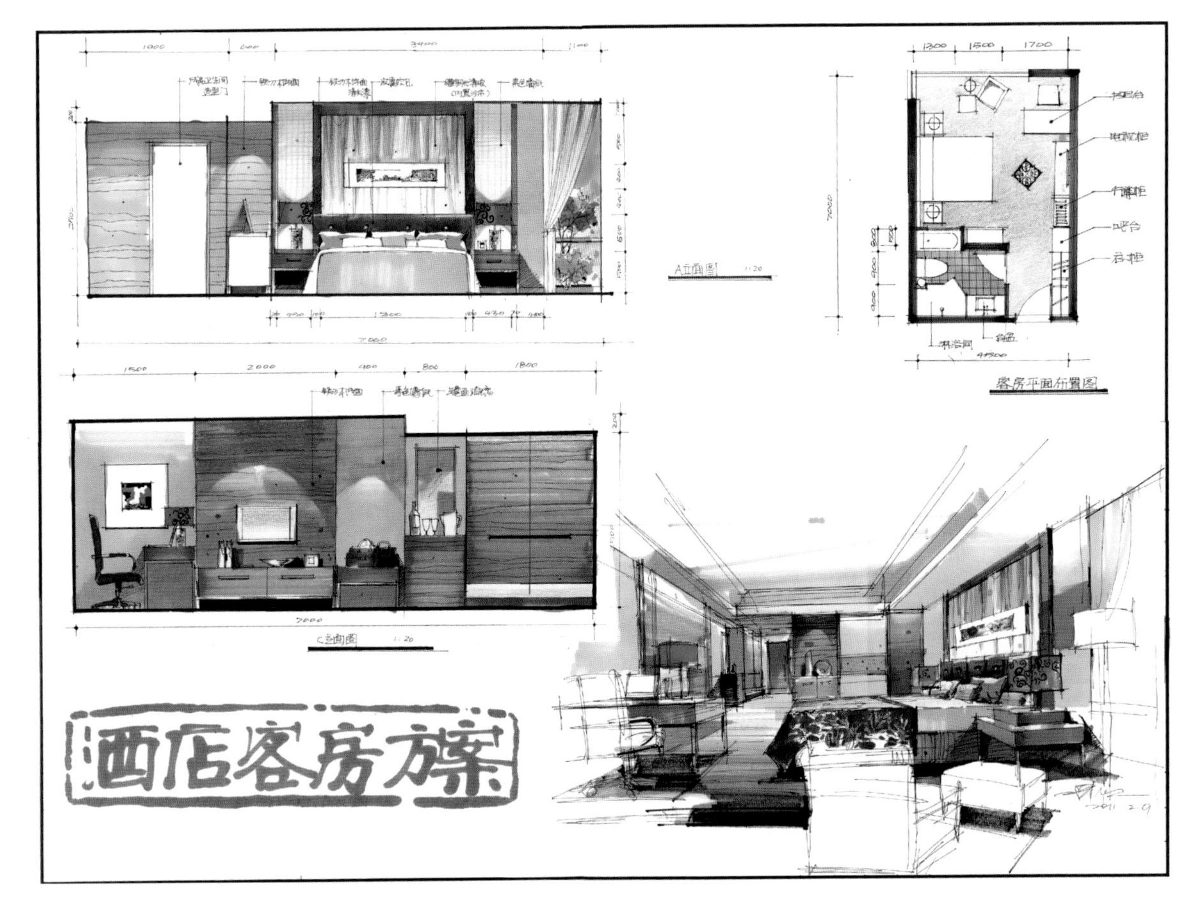

图 5-4 借助尺寸图强化理性的设计思维训练（作者：陈红卫）

图 5-5 依据理性设计思维寻找空间手绘关系（作者：邓蒲兵）

5.2 设计思维推动手绘多元化表达

现代环境空间设计标新立异，要求手绘表达也需具备新颖的视觉表述，进而要求设计师不仅具有得心应手的手绘表达能力，还必须对空间形态设计要敏锐、活跃以及具有发散性设计思维。发散性设计思维有助于手绘表达设定一个假想空间设计问题，需要沿着各种不同的手绘表达方式进行设计思考，探求项目设计多种解决方法，其不受现有的设计知识体系以及观念的束缚，有利于手绘表达在不同的研究视角都会产生不一样的创意构思。

在手绘学习阶段，发散性设计思维有助于学习者在空间形体训练中形成敏锐的观察力，追求形式新颖、多样的自觉力，以及多视角的推导力，也有利于学习者灵活探索空间设计背后内因与设计诉求表达方式，甚至可以寻求到设计形式之间的精神层面的感应。例如在少数民族地区写生就常常被浓郁的地域建筑文化所感染，在画纸上用发散性思维思考传统文化的精神所在与未来多种演变发展的可能性（如图 5-6）。因此，借助灵活多变的发散性设计思维掌控空间设计手绘表达语言，可以更好地挖掘出环境空间视觉艺术的新形式和新创想，塑造有变化、有内容且不拘泥于物象外观的手绘空间画面（如图 5-7～图 5-10）。

图 5-6 发散性设计思维可以思考传统建筑文化演变的多种可能性（作者：刘晓东）

图 5-7 发散性设计思维掌控手绘表达的多元化（作者：刘晓东）

图 5-8 发散性设计思维可以探讨手绘表达多种形式与技法（作者：刘晓东）

图 5-9 发散思维可以无拘无束，从平面到透视空间都可以尽情表达（作者：刘晓东）

图 5-10 发散性设计思维掌控手绘表达的多元化（作者：刘晓东）

5.3 设计思维助力手绘表达完整性

设计思维是一种从整体到细节、再从细节到整体的循环往复并不断迭代的设计过程。基于未来环境空间创新设计下的手绘表达需要注重整体性设计思维的纳入，特别是在平面表达阶段就需要用大线条、大块面的宏观思维探讨方案的基本设计概念，为下阶段具体的手绘表达效果更加完整和系统做好准备（如图 5-11）。设计手绘表达训练常常会走入一个误区，即从手绘局部入手，过分关注手绘细节表达，而忽视整体性设计思维对于手绘表达的意义，最终做出的手绘表现只是单一效果的拼凑、形式的堆砌和个体的聚集，没有整体思维将导致手绘表达在艺术、意境、风格、节奏等层面缺少逻辑关系递进，从而影响设计方案主题创意效果的有效表达。因此，为追求整体手绘效果，常常采用的一种策略就是先铺设一个大色调，然后在统一的既定色调中刻画细节（如图 5-12、图 5-13）。

手绘表达的整体性在实际操作层面并不是手绘形式的简单组合问题，而是在于手绘表达语言与空间设计诉求中形成体系性结构态势。具体而言，手绘的系统性表达主要侧重两个方面思考：一个是将多种内容、元素与其所依赖空间环境形态协调，另一个是在于对其表达的核心主题、风格的遵循与有机演变。系统性的手绘表达作品不是强调“加法”，而是学会基于整体思维要求形成“减法”。但是，很多手绘表达作品在“减法”问题上比“加法”更难把控，因为基于整体要求的手绘表达必须遵循一定的形式美法则，如在绘制欧洲小城时就需要从整体视角注重线条疏密变化、层次的遮挡、前后的虚实等协同问题（如图 5-14 ～图 5-16）。

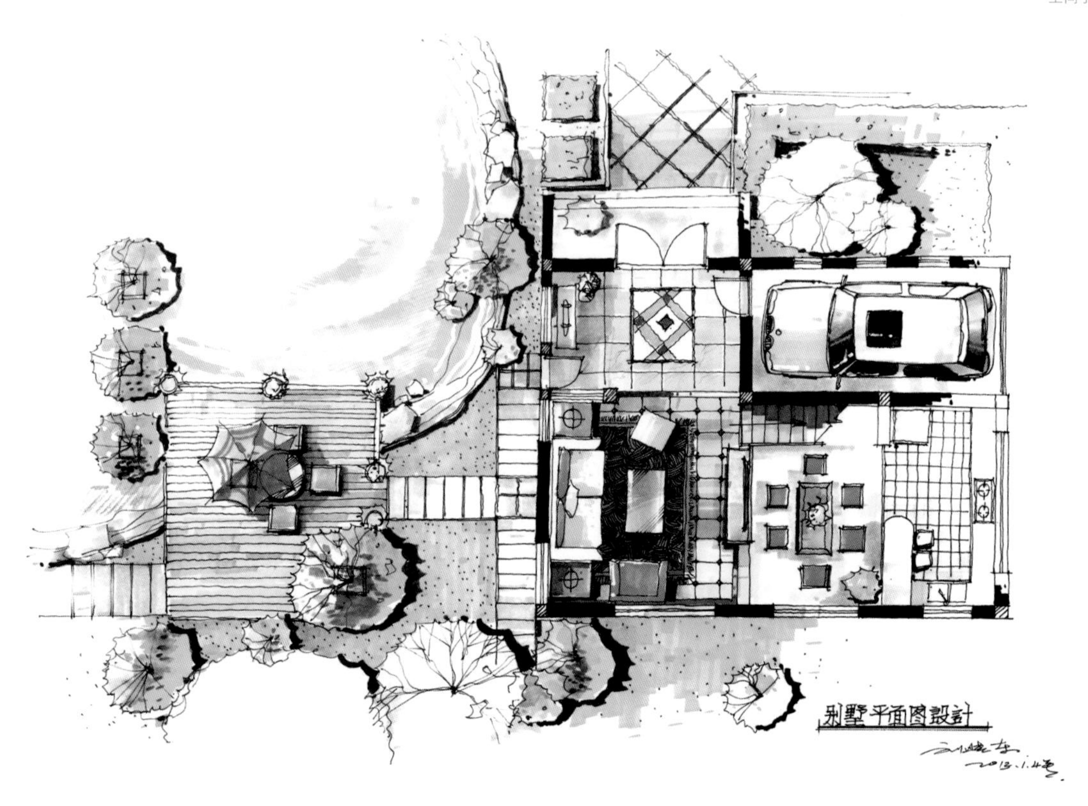

图 5-11 平面手绘表达要具备宏观的整体设计思维（作者：刘晓东）

图 5-12 通过铺设大色调控制手绘效果的整体性（作者：刘晓东）

图 5-13 通过铺设大色调控制手绘效果的整体性（作者：刘晓东）

图 5-14 欧洲小镇繁杂的建筑形式需要整体思维把控（作者：刘晓东）

图 5-15 空间手绘表达的整体性需要整体思维把控（作者：孙大野）

图 5-16 空间手绘表达的整体性需要整体思维把控（作者：孙大野）

5.4 设计思维提升手绘表达艺术水准

优秀的手绘作品注重品质表达和艺术水准，是经过日积月累的训练而逐步形成的，很多初学者在短期内是很难超越的。初学者应学会运用逆向思维探索大师作品中的表现技法和艺术审美高度，在临摹和鉴赏中对比反思，寻找作品闪光点，并学会归纳收集大师作品的优秀要素，用借鉴学习的眼光审视自己手绘表达能力，并由此获得新的手绘技能启发，以提升自我的学习认知水准（如图5-17）。

图 5-17 优秀的手绘作品注重品质与艺术水准（作者：沙佩）

5.5 设计思维提升手绘表达满意度

手绘表达是空间或建筑设计方案的辅助表达手段，是与客户面对面交流的视觉语言，更多时候是一种服务他人的设计表达方式，而非设计师个人自我陶醉的艺术作品（如图 5-18）。手绘表达需要换位思考，站在客户视角考虑空间设计与创意，同时不能偏离设计师专业与艺术水准，这样才能提升客户与设计师两者共同构筑的设计的“满意度”，满意度越高说明设计师的创意与客户的认可度越强。换言之，手绘表达满意度的形成过程就是共情思维工作的过程。

“共情”就是共同情绪的意思，共情思维是设计思维中较为重要的构成内容，其定义就是站在别人的立场，通过理解他人的感受而看待或解决问题的方法。在手绘表达工作过程中学会共情思维，需要把设计与表现焦点放在客户关注的利益需求上，深入了解和采用他人的价值观，而非以解决问题为导向。共情思维作用下的手绘表达更具真实性和实用性。共情思维需注重空间的限定和客户的核心诉求，用最为成熟的技法表达出设计师与客户的共同关注点（如图 5-19）。另外，由于许多客户并不具备立体空间的想象力，所以共情思维体现在手绘作品中应尽量做到表达节点要细致，内容要真实，以帮助客户更好地理解设计方案（如图 5-20）。

图 5-18 手绘表达更多时候是与他人交流的视觉语言（作者：陈红卫）

图 5-19 用最成熟的手绘表现技法表达空间设计容易获得较高的满意度（作者：陈红卫）

图 5-20 手绘作品用更多的视角表达空间细节容易获得较高的满意度（作者：沙佩）

第六章 不同的思维，不同的表达——手绘表达作品实例解读

设计思维是推动人类设计进步的创新动力，它对人类的设计事业发展产生了巨大的影响，在设计艺术史上推动了多元设计的进步和发展。作为空间设计工作者，依据不同的设计项目需要融入不一样的设计思维，并在方案设计手绘作品中进行刻意训练并逐渐形成良好的工作习惯，用创新性的设计思维考虑未来环境空间发展。

本章节所选的空间设计手绘作品都是业内著名的艺术家、设计师所创作，在他们作品中除了可以感受到非凡艺术魅力的同时，也不难发现各种设计思维的真实融入与展现，并且通过多样化的手绘视觉语言讲述着各自朴素而真挚的空间环境设计创作故事。

图 6-1 抽象思维作用下用自由奔放的线条表达出欧洲的街头（作者：余工）

图 6-2 用直觉思维表达出庭院清晨的惬意空间环境（作者：冯信群）

图 6-3 直觉思维，用暖灰色的水彩表达出傍晚的欧洲小镇（作者：李意淳）

图 6-4 整体思维借助米色卡纸统一了色调，与尼泊尔棕红色神庙色调相辅相成（作者：夏克梁）

图 6-5 平行思维探讨空间设计与氛围把控（作者：沙佩）

图 6-6 联想思维有助于空间设计创意表达（作者：沙佩）

图 6-7 平行思维探讨景观艺术氛围（作者：沙佩）

图 6-8 形象思维探讨展示空间的造型与灯光的表达（作者：沙佩）

图 6-9 形象思维探讨展示空间的造型与灯光的表达（作者：沙佩）

图 6-10 酒吧缤纷色彩需要借助整体思维进行把控和表达（作者：沙佩）

图 6-11 发散性思维可以探讨居室设计风格的多样性（作者：沙佩）

图 6-12 整体思维表达餐厅整体的设计氛围（作者：沙佩）

图 6-13 整体思维表达餐厅整体的设计氛围（作者：沙佩）

图 6-14 直觉思维作用下用手绘表达公共环境整体意境设计（作者：陈红卫）

图 6-15 建筑与环境的手绘意象表达展现作者的审美情趣（作者：陈红卫）

图 6-16 建筑与环境的手绘意象表达展现作者的审美情趣（作者：陈红卫）

图 6-17 餐厅空间注重手绘意象表达是一种直觉思维的展现（作者：陈红卫）

图 6-18 城市黄昏的意境表达是一种直觉思维的展现（作者：陈红卫）

图 6-19 直觉思维作用下的手绘作品体现作者的境界与审美感受力（作者：陈红卫）

图 6-20 居室空间手绘作品重在体现家的温馨（作者：陈红卫）

图 6-21 直觉思维作用下的手绘作品体现作者的设计能力与审美感受力（作者：陈红卫）

图 6-22 设计空间需通过整体思维完善手绘效果（作者：陈红卫）

图 6-23 运用平行思维思考夜晚建筑空间手绘效果（作者：陈红卫）

图 6-24 逻辑思维推导建筑空间手绘表达的透视与层次关系（作者：陈红卫）

图 6-25 庭院手绘注重意境表达，还利用形象思维注重空间的主题感念表达（作者：陈红卫）

图 6-26 居室空间温馨的居家氛围营造需要直觉思维和同情思维共同把控（作者：陈红卫）

图 6-27 展览空间需要从逆向思维和同情思维来把控展示效果表达（作者：陈红卫）

图 6-28 居家空间需要从同情思维来把控手绘效果表达（作者：陈红卫）

图 6-29 建筑与环境的手绘表达需要理性、整体、同情等多种思维共同作用（作者：陈红卫）

图 6-30 居室空间氛围营造需要直觉思维和同情思维共同把控（作者：陈红卫）

图 6-31 空间的光影关系和色彩关系表达需要借助逻辑思维帮助（作者：陈红卫）

图 6-32 快题表达需要借助理性思维、发散思维以及整体思维的共同作用（作者：陈红卫）

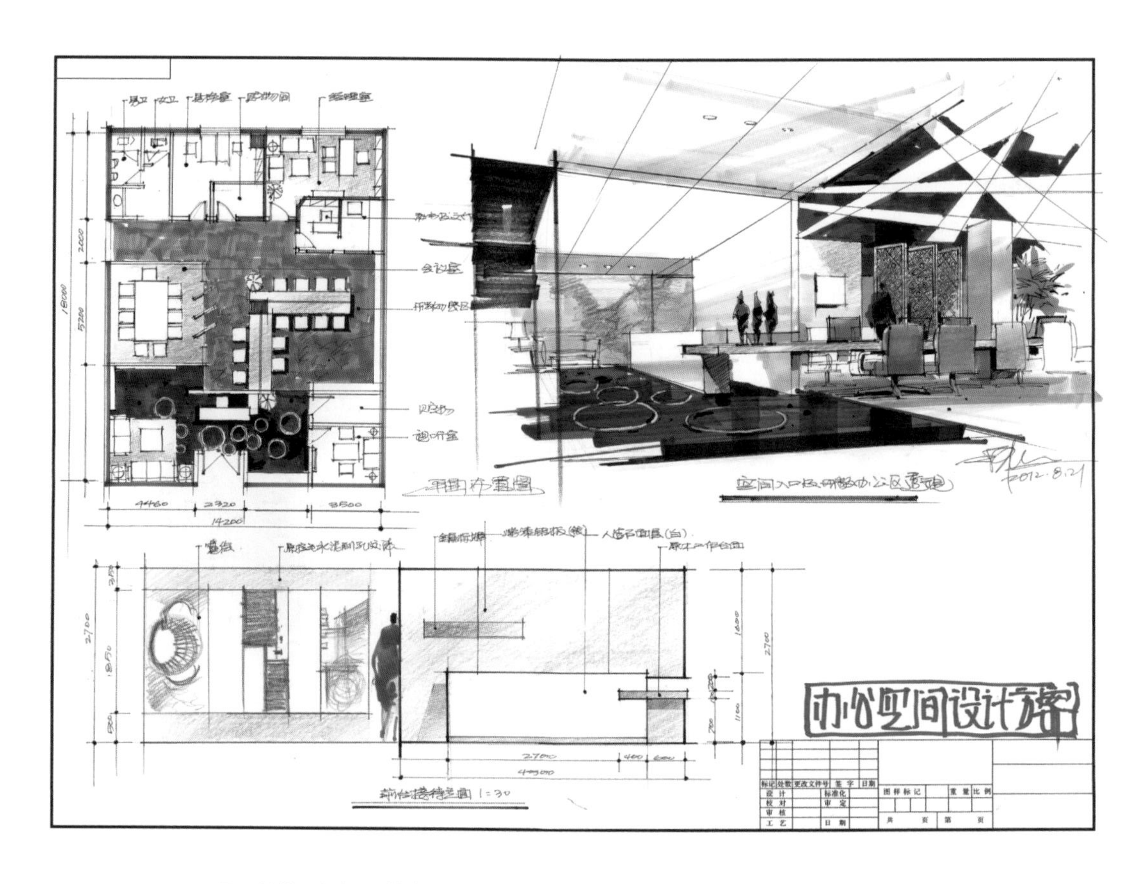

图 6-33 快题表达需要借助理性思维、发散思维以及整体思维的共同作用（作者：陈红卫）

图 6-34 太行山写生绘画过程中训练平行思维（作者：陈红卫）

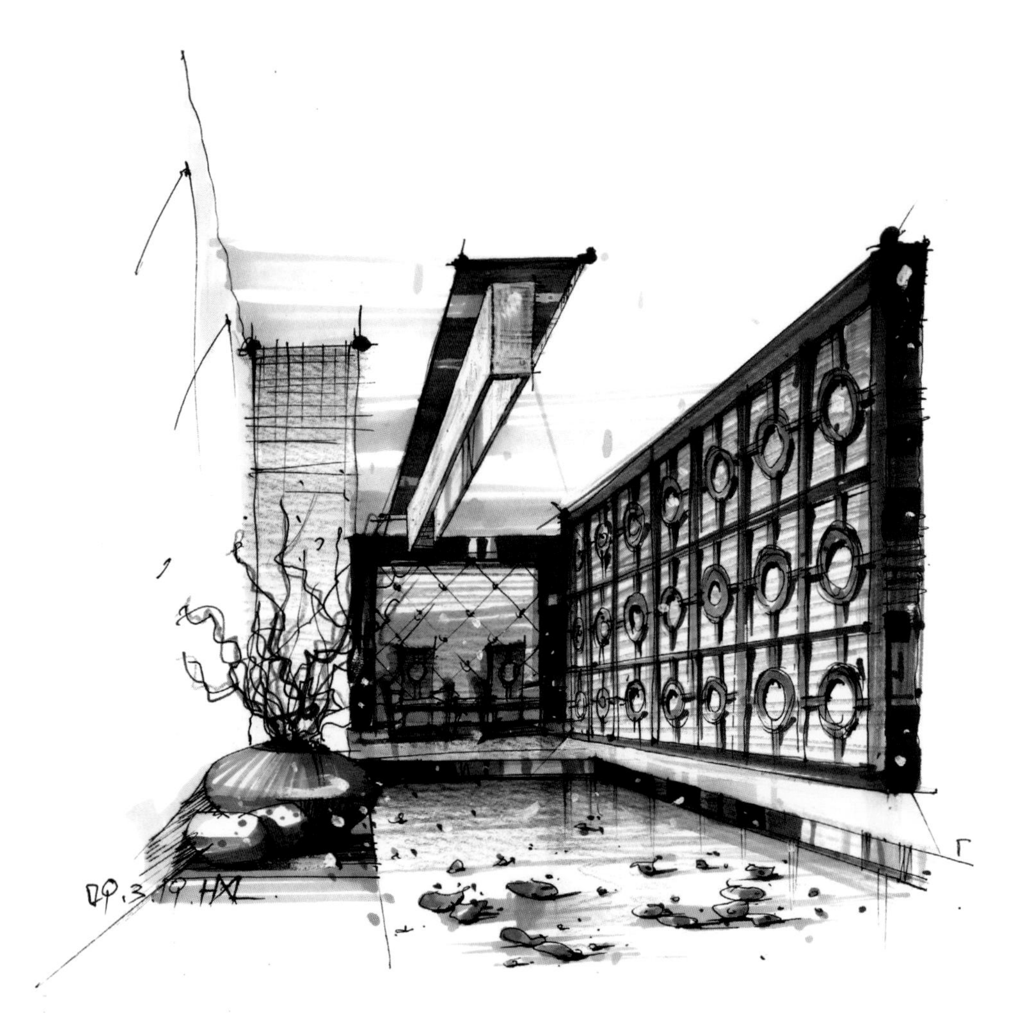

图 6-35 商业空间的手绘表达需注重同情思维的导入（作者：黄显亮）

图 6-36 站在使用者视角需利用平行思维进行公共空间的手绘表达（作者：黄显亮）

图 6-37 形象思维界定好主题设计对公共空间的手绘表达非常重要（作者：黄显亮）

图 6-38 餐饮空间需在直觉思维作用下展现一定的艺术氛围（作者：黄显亮）

图 6-39 茶空间在注重文化格调的同时还要注意整体性，需注重整体思维（作者：黄显亮）

图 6-40 酒店大堂商业氛围需要利用整体思维与逻辑思维共同把控（作者：黄显亮）

图 6-41 古典书房的文化与艺术氛围需要同情思维、整体思维的共同作用和把控（作者：刘晓东）

图 6-42 汽车展厅借助整体思维考虑手绘表达效果（作者：刘晓东）

图 6-43 咖啡馆的手绘表达需注重直觉思维营造文化与艺术氛围（作者：刘晓东）

图 6-44 中式家居空间手绘表达温馨氛围的同时还有文化融入，需注重发散性思维（作者：刘晓东）

图 6-45 家居空间光影通透关系在用手绘表达时需注重直觉思维（作者：刘晓东）

图 6-46 手绘表达景观时需注重用直觉、形象思维进行推敲（作者：刘晓东）

图 6-47 手绘表达景观时若突出空间透视，需注重逻辑思维的运用（作者：刘晓东）

图 6-48 带斜屋顶的小型建筑手绘表现需要仔细推敲透视和层次关系（作者：刘晓东）

图 6-49 一点透视的空间表达在注重层次关系的同时还要考虑整体氛围把控（作者：刘晓东）

图 6-50 成角透视手绘表达更有画面感，需注重多种思维相结合（作者：刘晓东）

图 6-51 彩色铅笔表达空间比较轻盈，与多元的发散性思维特征相吻合（作者：刘晓东）

图 6-52 彩色铅笔表达空间时要着重刻画光感，注重逻辑思维训练（作者：刘晓东）

图 6-53 马克笔手绘表达可侧重意境与氛围塑造，注重直觉思维训练（作者：刘晓东）

图 6-54 汽车展览以简约单色为主，可利用平行思维进行多空间转换表达（作者：刘晓东）

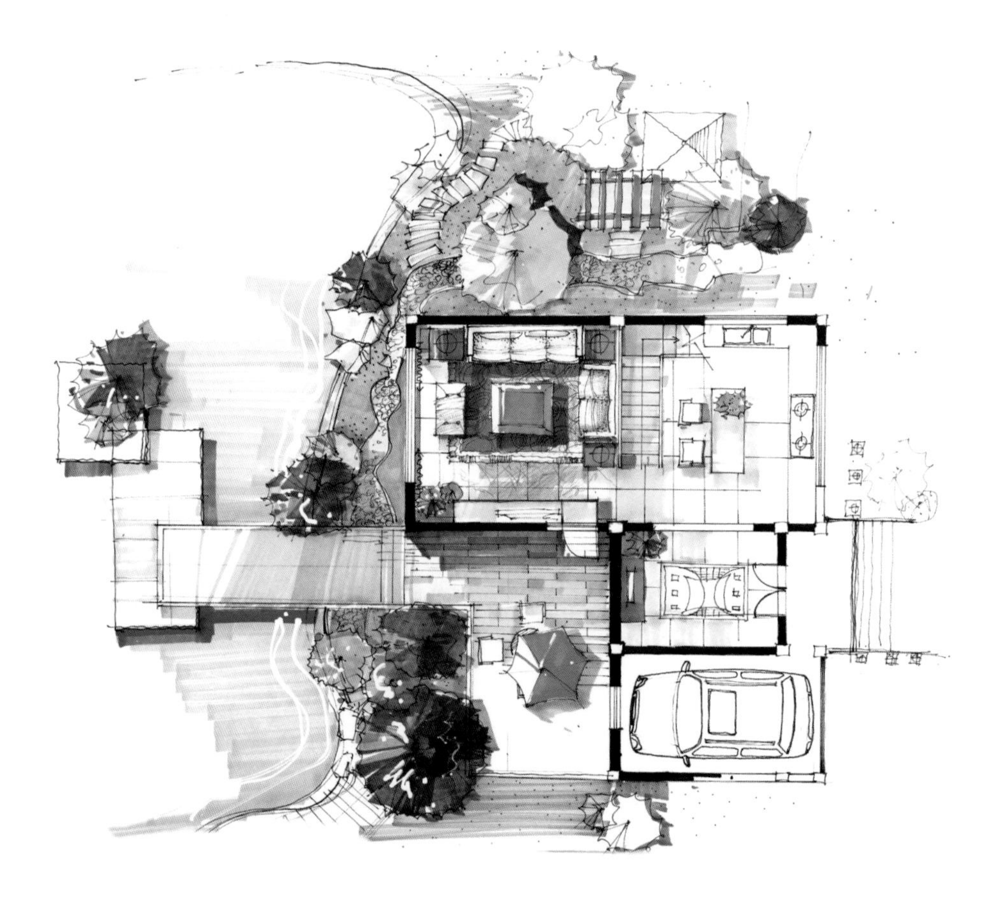

图 6-55 平面图的手绘表达注重比例与尺寸，需要借助理性思维进行约束（作者：刘晓东）

扫码看视频讲解

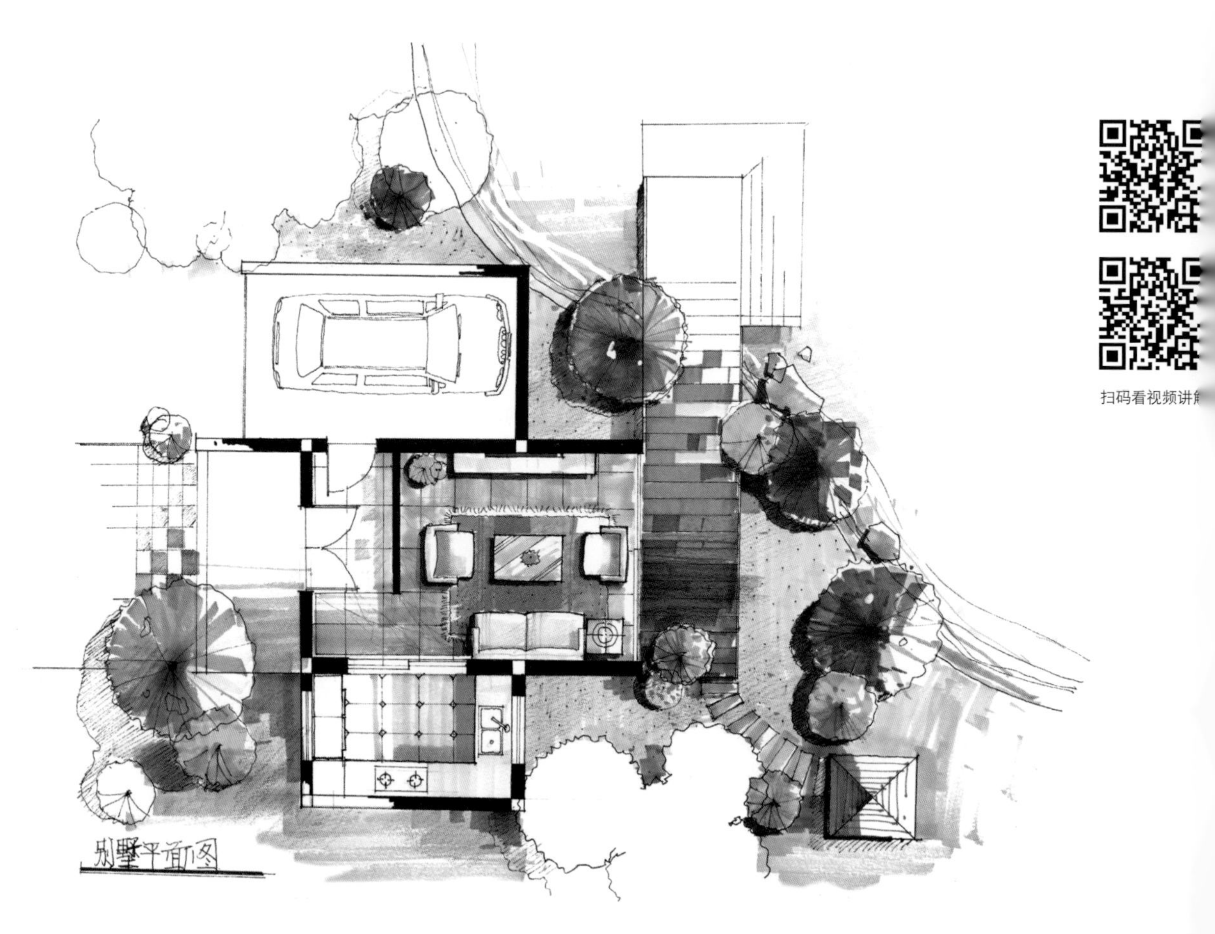

图 6-56 平面图的手绘表达要注重色彩与材质的运用，属于直觉思维运用（作者：刘晓东）

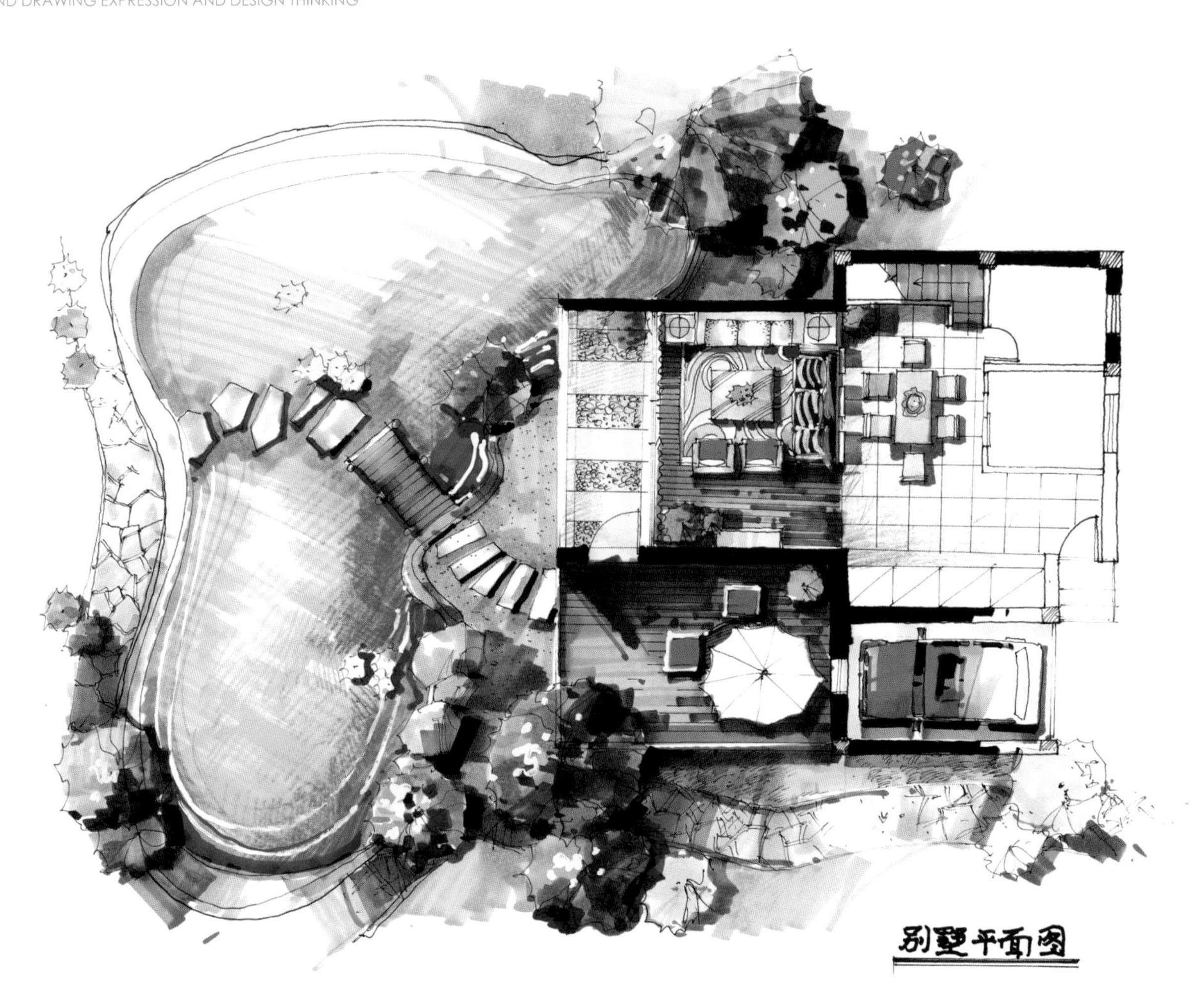

图 6-57 光影可使平面图的手绘表达更立体，属于逻辑思维运用（作者：刘晓东）

图 6-58 景观手绘表达线稿需注重透视与比例，要借助逻辑思维进行约束（作者：刘晓东）

图 6-59 手绘表达线稿的趣味性和艺术性需要借助直觉思维（作者：刘晓东）

图 6-60 手绘表达线稿要清晰、准确，同时需要逻辑思维推敲透视的严谨性（作者：刘晓东）

图 6-61 手绘表达在描正式线稿时还可以利用形象思维推敲设计创意（作者：刘晓东）

图 6-62 手绘线稿的趣味性离不开平时的素材收集与积累（作者：刘晓东）

图 6-63 手绘线稿表达空间时要注意疏密关系和前后遮挡关系（作者：刘晓东）

图 6-64 直觉思维作用下空间手绘线稿表达的节奏决定了后面上色的秩序感和层次感（作者：刘晓东）

图 6-65 手绘表达空间的大小比例靠配景作为参考辅助，要以理性思维控制其大小（作者：刘晓东）

图 6-66 逆向思维先界定好理想的书房空间效果，对手绘表达理想效果有指引作（作者：刘晓东）

图 6-67 用逆向思维检验黑白线稿表达建筑形态与原建筑的差异（作者：郑孝东）

图 6-68 空间一点透视的色彩表达借助整体思维控制纯灰、冷暖变化等关系（作者：孙大野）

图 6-69 整体思维左右了整体色调，但需要局部纯色的出现形成对比关系（作者：孙大野）

图 6-70 餐饮空间注重舒爽的就餐环境，手绘表达需要从整体思维和同情思维进行思考（作者：孙大野）

图 6-71 服装专卖店具有主题性，因此手绘表达需要注重形象思维的推敲与运用（作者：孙大野）

图 6-72 健身房的力量感体现到手绘表达就是简约的大线条、大块面，需要整体思维把控（作者：孙大野）

图 6-73 咖啡厅的温馨色调表达需要整体思维和同情思维共同把控（作者：孙大野）

图 6-74 演绎场所灯光、色彩、造型等元素较为随性，需要整体思维把控（作者：孙大野）

图 6-75 卫生间造型、色彩相对简单，但需要借助逻辑思维推敲通透、明快的质感（作者：孙大野）

图 6-76 黑白线稿表达相对简单，画面层次与虚实关系也更容易展现（作者：孙大野）

图 6-77 手绘表达的层次关系有多种处理方式，需要形象思维介入训练和积累（作者：孙大野）

图 6-78 俯视视角表现建筑群体，可以借助整体思维协同考虑（作者：孙大野）

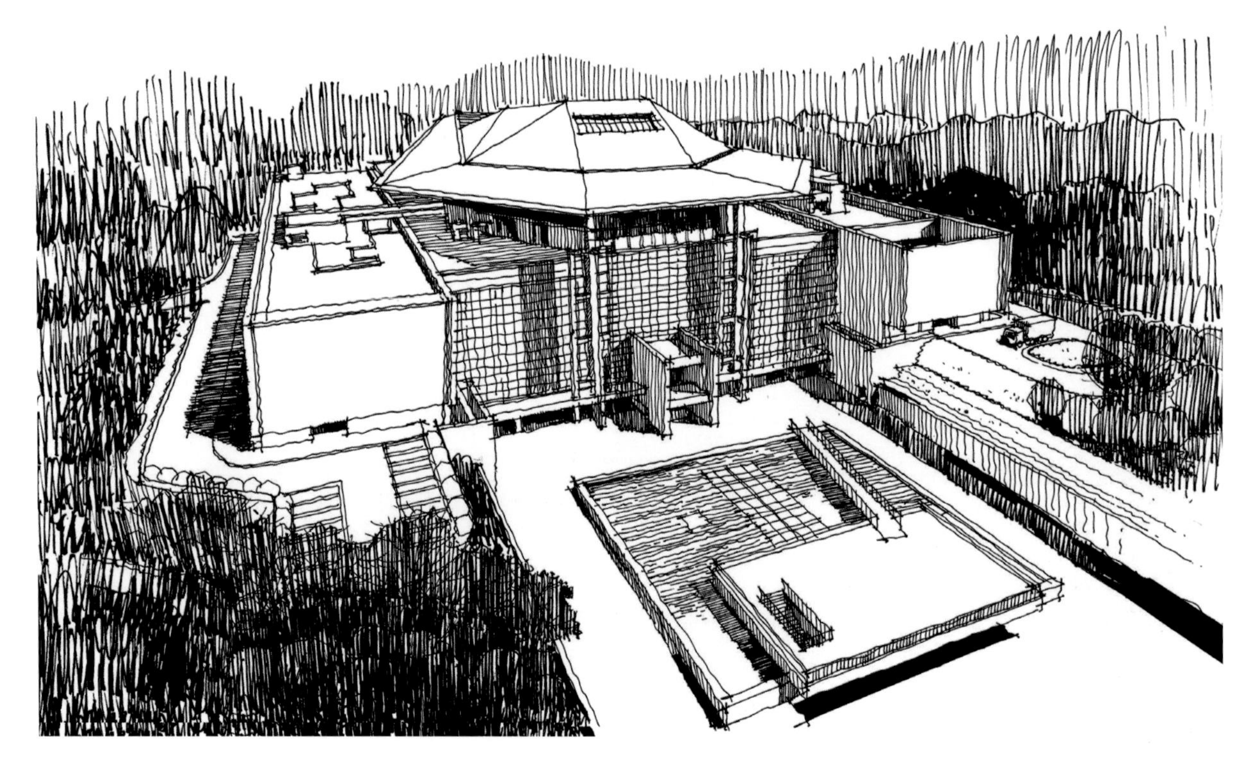

图 6-79 视平线较高的手绘表达需要借助逻辑思维仔细推敲（作者：孙大野）

图 6-80 景观手绘表达的生动性在于直觉思维发挥更多作用（作者：谢宗涛）

图 6-81 建筑与景观的意境表达需要注重直觉思维和联想思维共同作用（作者：张富源）

图 6-82 滨水景观手绘需要注重明亮的色调及光感表达，需要多种思维共同作用（作者：柏影）

图 6-83 逻辑思维作用下热带地区景观表达要注意植物、光影、色彩关系的处理（作者：柏影）

图 6-84 小笔触手绘表达景观更具一定的细腻性，需要整体思维介入和把控效果（作者：马晓晨）

图 6-85 居住区门口的手绘表达在注重尺度关系的同时还要考虑存在的逻辑性（作者：马晓晨）

图 6-86 有天光的中庭表达出光感的同时还要一定的艺术营造，需要逻辑与直觉思维引导（作者：柏影）

图 6-87 手绘表达的暖色调更适合居家生活类空间，属于联想思维和发散性思维范畴（作者：陈红卫）

图 6-88 空间内的造型需要整体性思维把控，形成较为简约的设计风格（作者：刘志伟）

图 6-89 餐饮空间内的造型需要整体性思维把控，需将设计、文化、艺术融为一体（作者：刘志伟）

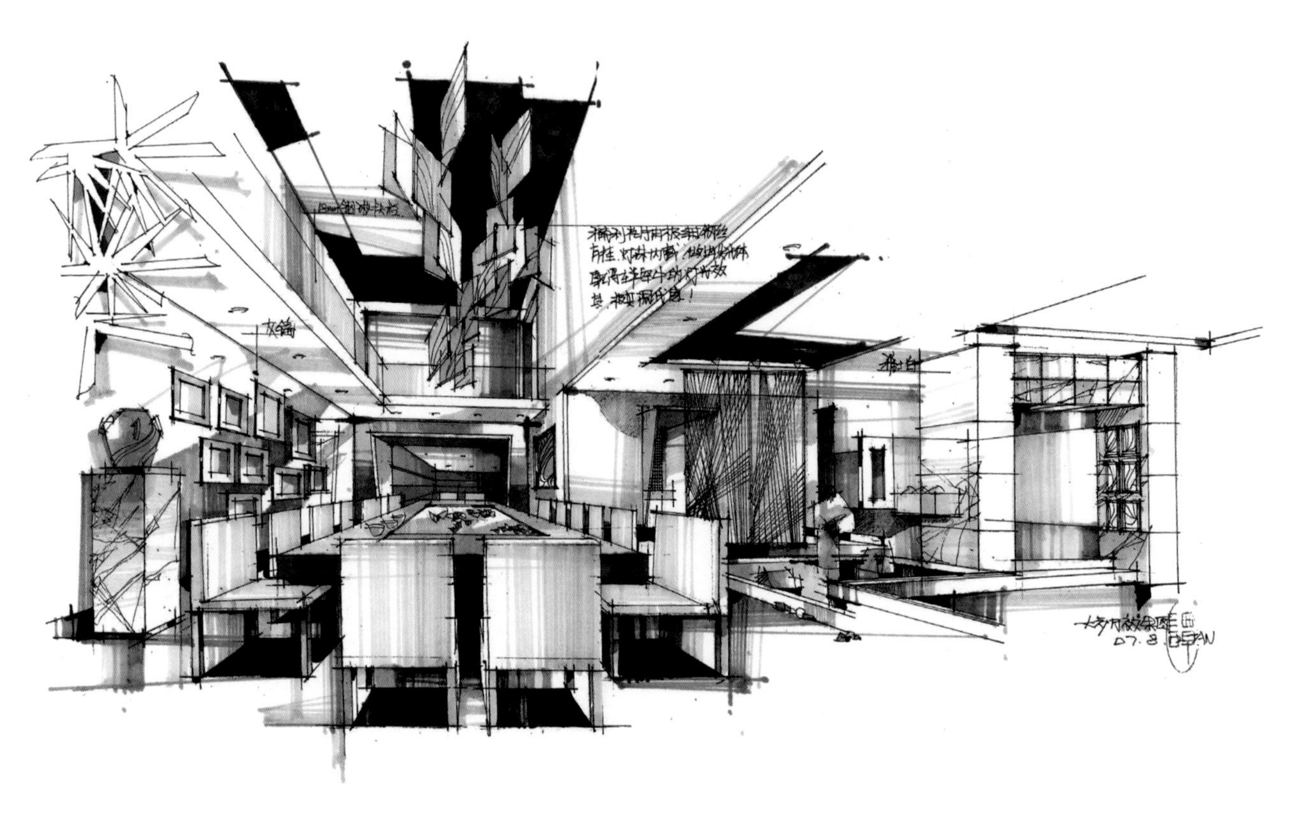

图 6-90 手绘表达中的抽象思维工作方式就是边画边思考（作者：谭立予）

图 6-91 客厅造型需要整体性思维把控，形成较为简约的设计风格（作者：邓蒲兵）

图 6-92 景观手绘表达的生动性在于直觉思维、形象思维发挥更多作用（作者：徐志伟）

图 6-93 餐饮空间手绘表达的生动性在于直觉思维、形象思维发挥更多作用（作者：朱政珍）

图 6-94 居家空间手绘表达温馨氛围的同时还有文化融入，需注重发散性思维介入（作者：钟伟）

图 6-95 滨水建筑手绘需要注重色调的和谐性，整体性思维发挥的作用更大些（作者：杨欢）

图 6-96 手绘中可以采取多样化的辅助表达手段，注意用整体性思维把控节奏（作者：刘超）

后记

在经济高速发展、信息化高度普及的今天，更多的新技术、新智能、新装备慢慢进入人们的学习和生活当中，人们可以更加快捷、有效地完成专业范畴内的工作和任务。设计手绘表达自从环境设计专业发展伊始，就从未被抛弃和取代，反而被赋予了更多的职责与使命，其长久的生命力除了源自于它本身的艺术魅力，还在于它具备了设计工作的灵魂，即设计思维的全面融入，并在设计中相互碰撞与交织。因此，手绘可以使设计师感受到绘画的幸福，同时还可以享受到设计思维跳跃时的工作欢愉，让人回归设计本真。

本书撰写的初衷是想跳出手绘表现技法层面从而上升到设计思维方法的探讨，起点相对较高，立意新颖，编写理念前卫，是集作者多年的教学和研究成果编写而成的。书中除了作者本人的成果之外，还吸收了国内外多位手绘大师的作品，相关作品风格多样、种类繁多，极大地丰富了本教材的全面性与艺术性。本教材图文并茂、通俗易懂，部分手绘图示还可以通过扫描二维码观看手绘过程讲解，极大地方便了初学者直观认知手绘表达。希望本书不仅可以作为环境设计手绘表达课程的教学用书，还可以作为专业的工具书，亦可以当做设计思维创新理论研究的参考书。

在此书终稿之时，向给予本书撰写工作大力支持的朋友、同学表达真诚的谢意！本教材编写中有幸得到冯信群、余工（余静赣）、杨健、李意淳、沙佩、陈红卫、夏克梁、孙大野、叶惠民、郑孝东、邓蒲兵等业界前辈、朋友们的组稿支持，深表感谢！同时向多年来一直支持手绘事业发展的庐山特训营、上海奥文画材有限公司（鲁本斯）、艾尔斯马克笔等企业朋友表示感谢！

编　者

参考文献

[1] 马文娟，郭丽 . 基于系统设计思维理念下的交互产品设计研究 [J]. 包装工程，2020（8）：105-110,123.

[2] 冯信群，刘晓东 . 手绘室内效果图表现技法 [M]. 南昌：江西美术出版社，2010.01

[3] 凯茜 · 菲谢尔 . 自由职业设计师工作手册（译著）[M]. 刘晓东，译 . 南昌：江西美术出版社，2010.08

[4] 姚凯，许传侨 . 环境艺术设计手绘表现技法 [M]. 北京：中国建材工业出版社，2019.11

[5] 刘晓东，刘晨澍 . 炫彩——手绘名家作品集 [M]. 哈尔滨：辽宁科技出版社，2011.08

[6] 杨思宇，高贞友，郭宜章 . 手绘表现技法 [M]. 北京：中国青年出版社，2018.03

[7] 冯信群，刘晓东 . 设计表达——景观绘画徒手表现 [M]. 北京：高等教育出版社，2008.01

[8] 刘晨澍，刘艳伟 . 手绘景观设计表现技法 [M]. 南昌：江西美术出版社，2010.05